Omar García Vázquez

Experiencias en la educación para la conservación de la biodiversidad

Omar García Vázquez

Experiencias en la educación para la conservación de la biodiversidad

Cómo y qué enseñar de la educación para la conservación de la biodiversidad

PUBLICIA

Imprint
Any brand names and product names mentioned in this book are subject to trademark, brand or patent protection and are trademarks or registered trademarks of their respective holders. The use of brand names, product names, common names, trade names, product descriptions etc. even without a particular marking in this work is in no way to be construed to mean that such names may be regarded as unrestricted in respect of trademark and brand protection legislation and could thus be used by anyone.

Cover image: www.ingimage.com

Publisher:
PUBLICIA
is a trademark of
Dodo Books Indian Ocean Ltd. and OmniScriptum S.R.L publishing group

120 High Road, East Finchley, London, N2 9ED, United Kingdom
Str. Armeneasca 28/1, office 1, Chisinau MD-2012, Republic of Moldova, Europe
Printed at: see last page
ISBN: 978-3-639-55822-7

Experiencias en la educación para la conservación de la biodiversidad

Omar García Vázquez

Experiencias en la educación para la conservación de la biodiversidad

Omar García Vázquez

DEDICATORIA

A
mi Dios,
por permitirme
tener la sensación de
que siempre está conmigo.

A mi familia por permitirme utilizar
los tiempos que tendrían que ser de ellos.

A mí querido hijo Javier Alejandro García Verdecia, por comprender que el tiempo restado a su atención tenía este noble propósito.

Al Dr.C Isidro E. Méndez Santos, colega, educador e inspirador de un pensamiento a favor de la protección y conservación del medio ambiente

Gracias por su apoyo.

"… que la naturaleza siga su curso majestuoso, el cual el hombre, en vez de mejorar, interrumpe;- que el ave vuele libre en su árbol;- el ciervo salte libre en su bosque,- y el hombre ande libre en la humanidad…".

José Martí.

ÍNDICE

INTRODUCCIÓN GENERAL AL LIBRO

En las actuales circunstancias históricas que enfrenta el mundo, el acelerado deterioro socioambiental, con particular énfasis en la pérdida de la biodiversidad como uno de los problemas ambientales declarados a nivel internacional, está provocando grandes impactos en el funcionamiento y el equilibrio de los ecosistemas y, como consecuencia, se ha originado a nivel mundial una crisis ambiental sin precedentes derivadas de la interacción entre el hombre, la sociedad y la naturaleza, que pone en peligro la propia supervivencia de la especie humana.

* * *

Es desde esta perspectiva que se debe prestar especial atención a la biodiversidad que habita en el planeta Tierra como un recurso de inestimable valor desde perspectivas políticas, filosóficas, socioeconómicas, epistémicas, éticas, culturales, pero sobre todo, educativas para promover en el individuo y la colectividad un cambio de actitud a favor del medio ambiente, la toma de conciencia y el refuerzo de valores, de manera que permita respetarla, conocerla, establecer una relación más responsable con ella y conservarla.

Ante esta exigencia social, la escuela ha de garantizar la formación del sentido de pertenencia y responsabilidad del ser humano hacia y con la naturaleza, así como, la apropiación del conocimiento esencial de las ciencias contemporáneas y su aplicación ética en los procesos productivos y tecnológicos de la sociedad y la vida misma. Esto es viable, sobre todo, si se les enseña a pensar de manera lógica, crítica, creativa, valorativa y con independencia.

En este sentido, la noción de sostenibilidad plantea la interrogante de cómo se concibe la propia naturaleza y, por consiguiente, cómo los valores culturales condicionan la relación de la sociedad con la naturaleza. Esta interrogante pone ante los docentes la prioridad de enseñar ante todo, el sentimiento de pertenencia a la naturaleza para superar la visión de que la Biología como ciencia es un instrumento para conocerla y dominara. Esto implica repensar cómo lograr un enfoque de educación para el desarrollo sostenible mediante la preparación para el imprescindible y urgente uso inteligente y racional de sus recursos, a favor de su preservación y utilización por las generaciones venideras y a favor de la conservación y el uso sostenible de la biodiversidad en el planeta, en general y, de la vida de la especie humana en particular.

De ahí que, la conservación de la biodiversidad es una tarea que puede realizarse con individuos informados y educados, capaces de colocar la conservación de la biodiversidad en un contexto social, económico, ecológico y político, en el ámbito local, nacional y global. Los conocimientos que sustentan la educación para la conservación deben reflejar una gran diversidad de actores sociales y la necesidad de invertir en la creación y documentación de conocimientos localmente relevantes y legítimos, útiles en tiempo y espacio para la toma de decisiones colectivas (Barahona & Almeida, 2005).

Es evidente la necesidad de buscar soluciones para el establecimiento de relaciones interdisciplinarias en la enseñanza de la biología en el nivel educativo secundaria básica, teniendo en cuenta las carencias que se dan en el proceso de enseñanza-aprendizaje al no apreciarse, al nivel deseado, la debida relación entre las exigencias que la sociedad le impone a la escuela secundaria básica respecto a la educación para la conservación de la biodiversidad y el estado real del comportamiento de los educandos ante las formas de vida que habitan en el entorno escolar y comunitario, y el enfoque interdisciplinar que ello exige para cumplir los fines de esta educación. En este sentido, afecta la falta de contextualización de los programas con la realidad ambiental próxima. Ha estado faltando el enfoque ecosistémico y paisajístico para el tratamiento de la problemática ambiental.

Es por ello que la clase de Biología no debe convertirse en el único escenario para la enseñanza y el aprendizaje de la biodiversidad; se necesita aprovechar las potencialidades que ofrece el entorno ambiental próximo al estudiante para potenciar en él la ética, convicciones, actitudes, motivación, sentimientos, intereses y la educación para la conservación, uso y manejo sostenible de la biodiversidad, sobre la base de una relación que integre el sentir, el pensar, la sensibilidad y la razón; de ahí que cada día adquiera mayor importancia la reformulación de los enfoques y abordajes didácticos para perfeccionar los contenidos de biodiversidad que se estudian en secundaria básica desde un enfoque bioético, ecosistémico, ecológico, integrador y evolutivo.

Para ello en la concepción del nuevo currículo de Biología en el tercer perfeccionamiento del Sistema Nacional de Educación (SNE) en Cuba se propone trabajar en:

- La consideración del estudio de Biología y de las relaciones del hombre con la naturaleza como fuente de moralidad.
- La necesidad de formar sujetos con responsabilidad moral con la sostenibilidad de la vida.
- La impronta didáctica de superar, desde lo interno del proceso de enseñanza-aprendizaje, la dicotomía que se produce entre instrucción y educación.
- Revelar con un mayor nivel de integralidad el aporte de la asignatura a la formación integral de cada educando y la atención a sus necesidades individuales y potencialidades a

favor de un ciudadano mucho más culto y educado en los valores humanos que demandan la sociedad cuban Dotar al alumnado de una base de competencias teórico-prácticas para

Es por ello que, el presente libro proporciona un excelente recurso didáctico-metodológico para los docentes, estudiantes e investigadores interesados en el estudio de la biodiversidad como contenido que se imparte en la asignatura Biología octavo grado en la escuela media cubana. La amplitud de los temas tratados en esta obra no es sino un reflejo de la multiplicidad de formas en que se puede -y debe- influir en la sensibilización de las personas para favorecer en la educación para la conservación de la biodiversidad y el uso sostenible en el entorno educativo y comunitario. La propuesta pretende promover la alfabetización científica sobre la biodiversidad, en particular el aprendizaje de contenidos relacionados con la fauna y las relaciones que se establecen entre ellos con el resto de los componentes del medio ambiente.

La finalidad de la presente obra es promover el aprendizaje de contenidos científicos relacionados con la biodiversidad faunística, así como el desarrollo de conocimientos didácticos sobre la enseñanza de estos contenidos, habilidades, valores y la trasformación de modos de actuación. Se pretende que los/las estudiantes y docentes aprendan de manera implícita cómo y que enseñar de estos contenidos empleando la realidad ambiental próxima que implica el desempeño de prácticas científicas mediante la propia experiencia y el desarrollo de investigación educativa en los entornos de aula.

En función de lo anterior surgen las siguientes interrogantes: ¿Qué explicación o reflexión realizar ante la problemática ambiental relacionada con la pérdida de la biodiversidad? ¿Por qué vías se puede realizar su tratamiento en el proceso de enseñanza aprendizaje de la biología en el nivel educativo secundaria básica? ¿Cómo realizar el tratamiento metodológico y didáctico del contenido de biodiversidad para su inserción de manera contextualizada en el proceso de enseñanza aprendizaje de la biología en el nivel educativo secundaria básica?

PRIMERA PARTE

LA EDUCACIÓN AMBIENTAL Y EL MANEJO DE LA BIODIVERSIDAD

La educación ambiental como plataforma para desarrollar una cultura del medio ambiente[1]

Uno de los mayores retos que enfrenta la educación ambiental es permitir la violación de la legislación ambiental vigente. "Es muy difícil la tarea del educador, mientras se deja que la norma legal ambiental se infrinja impunemente" (Barreto, 2011, p. 72). Sin embargo, es evidente que los instrumentos jurídico-normativos y económicos no son suficientes para fomentar una actitud consecuente con el cuidado y conservación del medio ambiente. Se requiere también desarrollar una cultura al respecto. En breves palabras, el párrafo anterior trae a colación la necesidad de analizar las relaciones que se establecen entre las categorías educación y cultura, contextualizando la valoración, en este caso, al vínculo entre la educación ambiental y la cultura ambiental.

Las relaciones anteriormente planteadas, han sido ampliamente abordadas por múltiples investigadores. Por solo citar algunos de los más importantes (y que lo hacen, además, desde una perspectiva próxima al enfoque sistémico, con énfasis en su dimensión pedagógica, asumido para la presente contribución), se resaltan los aportes que realizaron (Carpentier, 1980; Savranski, 1983; Hart, 1987; Álvarez de Zayas, 1999; Núñez, 1999; Álvarez y Ramos, 2003; Roque, 2003; Chávez, Suárez y Permuy, 2005; Hernández, 2012), a esclarecer los lazos existentes entre educación y cultura; así como (Cembranos, Montesinos y Bustelo, 1998; Núñez citado por Mateo, 2001, Roque, 2003); Amador, 2008; Cruz, Romero y Hernández, 2007; Ortiz, 2008; Guerra, 2011; Méndez, 2011) para clarificar el vínculo entre educación ambiental y cultura ambiental.

Sin embargo, en el presente artículo se defiende la idea de que las peculiaridades de las interacciones citadas, aún no han sido descritas en toda su complejidad, a la vez que se pretende fundamentar la tesis de que la educación ambiental constituye una plataforma para desarrollar la cultura ambiental. Esta investigación tiene como objetivo fundamentar la educación ambiental como plataforma para desarrollar la cultura ambiental.

Desarrollo

Para realizar la investigación se utilizó el estudio documental para sistematizar los referentes

[1] Publicado originalmente en Revista *Monteverdia, RNPS: 2189, ISSN: 2077-2890, 7(2), pp. 1-8, julio-diciembre 2014Recuperado de http://www.cm.rimed.cu/uzine/monteverdia/monteverdia.html.*

teóricos relacionados con las categorías educación, educación ambiental, cultura y cultura ambiental, así como la consulta a personal especializado en la temática. Del nivel teórico se aplicaron métodos como el analítico-sintético, inductivo-deductivo e histórico-lógico, para valorar la información obtenida, así como el enfoque de sistema para la conformación definitiva de las ideas que se defienden.

Se tratará de esclarecer primero las relaciones que se tejen entre las categorías educación y cultura y, posteriormente, los que se establecen entre la educación ambiental y la cultura ambiental. La educación ha sido vista como el proceso que permite alcanzar el desarrollo pleno de la capacidad latente en los seres humanos y las sociedades (Organización de Estados Iberoamericanos, 1998). Este, aunque condicionado por las relaciones económicas, es inherente a la existencia de la sociedad, por lo que se produce independientemente de la voluntad humana, aunque puede ser orientada por el hombre hacia fines determinados. Su organización y orientación al desarrollo pleno de las cualidades más trascendentales de la personalidad del sujeto individual y social, como son los conocimientos, las capacidades, los sentimientos, las emociones, las convicciones, la voluntad y los valores en general, forman parte importante del objeto de estudio de las ciencias pedagógicas.

La educación permite trasmitir los rasgos fundamentales de la cultura, así como el conjunto de normas básicas para consolidarla. A través de ella, el hombre, en tanto sujeto educable, enriquece sus conocimientos, reconsidera sus propios fines, desarrolla y reorienta sus valores, internaliza la cultura en la cual se forma. También adquiere capacidad para incorporarse, como sujeto individual, a la transformación de la realidad, incluida la problemática ambiental y gracias a ello puede, como sujeto social, colocarse en condiciones de resolver las contradicciones que hoy caracterizan las relaciones entre los individuos, la sociedad y la naturaleza.

¿Cómo definir el término cultura en este contexto? Se necesita hacerlo, sin dudas, desde una concepción sistémica, que integre la perspectiva social, para incluir lo alcanzado en el ámbito espiritual y material por los diferentes grupos humanos (Núñez, 1999), e individual, para reflejar los resultados de cada sujeto en la apropiación que hace para sí de ese propio fenómeno (Carpentier, 1980). Hay que reconocerla como un proceso y como un resultado que confiere significación socialmente positiva a la naturaleza interior y exterior del individuo (Hernández, 2012).

La denominada función comunicativa de la cultura (Savranski, 1983) adquiere gran significación para la educación, pues esta última se apoya básicamente en la comunicación provechosa entre los individuos, en la comprensión mutua y profunda intelecto-emocional, en el intercambio de información, en la ilustración recíproca. Es a partir de esa transmisión y construcción de información, de intercambio de ideas y de socialización, que se promueven e interiorizan los significados que favorecen la comprensión de la realidad, de los fenómenos y procesos naturales y sociales.

Educación y cultura están estrechamente relacionadas. La primera, apuntan Álvarez y Ramos (2003) es el vehículo más importante para trasmitir la segunda de una generación a otra, pero a la vez, esta última constituye un generador que contribuye de forma significativa a enriquecer la primera. El individuo adquiere cultura por medio de la educación; gracias a ella se apropia de conocimientos, habilidades, capacidades, normas y métodos; transforma lo instintivo en razonable; resignifica y redescubre nuevos significado; crece en intelecto y se proyecta con renovadoras concepciones, aporta a la cultura otros matices. La educación es el componente esencial de la cultura y la expresa a partir de sus elementos integrantes, que garantizan la integración de la personalidad a la sociedad como sujeto activo, históricamente condicionado (Álvarez de Zayas, 1999).

La cultura refleja también desarrollo individual y social en materia ambiental, de conjunto con lo logrado en el orden ideológico, político, artístico, jurídico, ético y de otras múltiples aristas (Hart, 1987). Esa dimensión de la cultura general integral ha sido nominada a veces en términos de cultura de la naturaleza (Núñez citado por Mateo, 2001), o ecológica (Amador, 2008), pero realmente debe ser asumida como cultura ambiental (o del medio ambiente), toda vez que este último no está limitado al entorno natural, sino que incluye además todo lo creado por el hombre y que no puede ser confundido con la principal ciencia que lo estudia.

Para entender el alcance de la categoría cultura ambiental, hay que analizar el significado que tiene el entorno para el surgimiento y evolución de la cultura. La primera es vista como un complejo sistema de instrumentos, hábitos, deseos, ideas e instituciones, por medio de la cual cada grupo humano trata de ajustarse a su ambiente (Ortiz, 2008), o como aquellas herramientas materiales y espirituales que los pueblos han configurado como resultado de su lucha por la supervivencia (Cembranos y otros, 1998).

La cultura ambiental establece los parámetros de relación y reproducción social con relación a la naturaleza. Esta debe estar sustentada en la relación del hombre con su medio ambiente, y en dicha relación está implícito el conjunto de estilos, costumbres y condiciones de vida de una sociedad con una identidad propia, basada en tradiciones, valores y conocimientos. Todas las características de la cultura están influenciadas por el entorno natural en el que se desarrolla la sociedad; este entorno tiene una gran influencia en el carácter de identidad cultural de los pueblos. Por lo tanto, cada civilización deja huella en sus recursos naturales y en su sociedad de una forma específica, y los resultados de ese proceso de transformación determinan el estado de su medio ambiente.

Por tanto, es importante que la educación ambiental defienda y favorezca la diversidad cultural para garantizar que los individuos y los pueblos lleven a cabo sus proyectos singulares de construcción de la sostenibilidad. Aunque tener una cultura ambiental no garantiza un cambio en el comportamiento humano en beneficio del ambiente, varios estudios han mostrado que existe una relación positiva entre el nivel de cultura ambiental de una persona y la probabilidad de que realice acciones ambientalmente responsables (Sosa, Isaac, Eastmond, Ayala y Arteaga, 2010, p. 34). Por esta razón se considera que elevar el nivel de cultura ambiental de la población es una prioridad, y es únicamente a través de la educación como el individuo interioriza la cultura, y es capaz de construir y producir conocimientos, reorientar sus valores, modificar sus acciones y contribuir como sujeto individual a la transformación de la realidad del medio ambiente (Ferrer, Menéndez y Gutiérrez, 2004, p. 64).

Al analizar este aspecto, Méndez (2011) advierte que no existe cultura fuera de un medio ambiente concreto; que este último expresa por sí mismo una parte de los valores culturales y que el aspecto socio-cultural conforma, a su vez, todo un sistema de organización dentro del medio ambiente. Según él, la subyugación de la naturaleza ha marchado a la par de la explotación del hombre mismo por otros hombres y no puede haber humanización de la naturaleza sin que paralelamente el hombre se naturalice; el deterioro ambiental no solo pone en crisis a la civilización, sino que constituye una crisis de la propia civilización. Para resolver todos estos problemas, la tecnología es condición necesaria pero no suficiente, pues la solución tiene que ser de índole política y cultural.

Si, se tiene en cuenta que garantizar la utilización óptima de las potencialidades individuales y colectivas, deviene en condición indispensable para el desarrollo sostenible, la concepción de la educación como categoría pedagógica, asume automáticamente también una dimensión ambiental (Roque, 2003).

La educación ambiental surge en este contexto como una necesidad para salvar a la humanidad de su propia destrucción e intentar rebasar la crisis contemporánea. Se considera como la vía por la que se puede dotar a cada ciudadano de los conocimientos, los valores y las competencias necesarias para construir una nueva forma de adaptación cultural a los sistemas ambientales. Se aspira a que se convierta en elemento decisivo para la transición hacia una nueva fase, en la que se rebase la actual crisis, se adopte un nuevo estilo de vida, a la vez que se promuevan cambios profundos y progresivos en la escala de valores dominantes en la sociedad actual.

La globalización de la economía, asociada a modelos de desarrollo basados en las leyes del capital y en valores éticos que justifican tanto el deterioro de los ecosistemas, como la pérdida de la biodiversidad y la injusta distribución de las riquezas, con el consiguiente aumento de la pobreza, están vinculados de forma intrínseca a procesos de homogeneización cultural, orientados a exportar los patrones insostenibles de consumo que caracterizan a las sociedades occidentales desarrolladas.

Este panorama sitúa a la educación como una premisa de importancia significativa para lograr procesos de cambios que orientan a la humanidad hacia un sistema de relaciones más armónicas entre la sociedad y la naturaleza, que permitan el tránsito hacia niveles de desarrollo sostenibles y propicien una calidad de vida decorosa para todas las personas, sin distinción étnica, de cultura o posesión de bienes materiales.

Se han socializado múltiples definiciones de educación ambiental, pero la mayor parte de ellas (Asamblea Nacional del Poder Popular, 1997; Centro de Información Divulgación y la Educación Ambiental, 1997; Novo, 1998) coinciden en asumirla como un proceso en el que se desarrollen los conocimientos, los valores y las competencias que le permitan a todos los ciudadanos participar, responsable y eficazmente en la prevención y solución de problemas ambientales, en la conservación y gestión sostenible de los recursos, así como en el aseguramiento de la calidad de vida de toda la población

Entre las características que se le atribuye a la educación ambiental en las obras citadas, está el hecho de que se conciba como dimensión del proceso, lo cual resulta esencial, ya que por la amplitud, complejidad e integralidad del medio ambiente, entendido el término en su acepción más amplia, así como la complejidad de las relaciones que se establecen entre el hombre, la sociedad y la naturaleza, que determina su dinámica y generan en gran medida la problemática actual, cualquier área del saber por separado, resultaría insuficiente para explicar los fenómenos, procesos e interrelaciones de carácter físico, biológico, políticos, socioeconómicos, y culturales que se imbrican en su objeto.

Esta refleja un doble carácter: social e individual, pues se orienta tanto al sujeto como al colectivo con el cual convive, en tanto la problemática ambiental, que constituye parte medular de su objeto, afecta a la sociedad en diferentes escalas. Tiene un sentido profundamente ético e ideológico, ya que la naturaleza de la transformación del medio ambiente, depende del sentido que tomen las relaciones entre los hombres, de estos con la sociedad y de ambos con la naturaleza, mientras que el deterioro de la problemática ambiental no es provocado en la misma medida por todas las clases sociales, ni por todos los países y tampoco los afecta por igual.

Méndez (2011), al fundamentar que la educación ambiental no es independiente o paralela a la educación integral, sino parte de ella (una de sus dimensiones), argumenta que, al ser inherente a la totalidad y no a algunas de sus partes, está presente en todos sus componentes, en sus fines, en el problema que debe resolver, en los objetivos, en el contenido, en los métodos, en los medios, en las formas organizativas y en la evaluación. Es, por tanto, también un subproceso.

La educación ambiental refleja un enfoque integrador, no limitado a la protección de la naturaleza, sino al desarrollo sostenible, lo cual significa orientar la actividad humana hacia la elevación de la calidad de vida de la sociedad, basada en una gestión sostenible de los recursos naturales, bajo una ética de respeto y conservación. Requiere de intercambio entre individuos, de la socialización, determinante en la apropiación de normas y valores característicos de un contexto determinado. Es resultado de una elaboración social y desde referentes culturales (Cruz y otros, 2007).

El cambio de mentalidad, sí como la sustitución de creencias y dogmas que resultan imprescindibles para hacer efectiva la educación ambiental, será necesario enfrentar la tendencia de la cultura a salvaguardar su identidad y será beneficiada, a su vez, por su permanente apertura a influencias externas y renovadoras.

Roque (2003) asume a la educación ambiental como un proceso de trasmisión e internalización de la cultura ambiental, criterio compartido por el autor, aunque considera que no refleja totalmente la complejidad de la relación que se establece entre ambas categorías. Si bien es cierto que la educación ambiental contribuye a desarrollar la cultura ambiental, esta última tiene también una marcada influencia sobre la primera.

Los proyectos educativos referidos a temas del medio ambiente, deben tener en cuenta, de manera especial, los rasgos espirituales, intelectuales y afectivos, así como la complejidad psicológica y social de la cultura a la cual están dirigidos; sus modos de vida, tradiciones, creencias, mitos, ideas, reglas, normas y sistemas de valores (Méndez, 2011). Desde esta perspectiva, la escuela no puede desvincularse de la cultura popular y del arte, pues ambas aportan conocimientos, sentimientos y motivaciones, indispensables en el aprendizaje y en el desarrollo social del estudiante, de modo que, ella como institución educativa constituye su principal exponente (Guerra, 2011).

Gutiérrez, Benayas y Pozo (1999), han sostenido que la educación ambiental para poder llevar sus propósitos en el proceso pedagógico en general debe:

1. Tomar en cuenta la totalidad del medio ambiente: natural y artificial, tecnológico y social (Económico, político, histórico-cultural, moral, estético);
2. Constituir un proceso continuo y permanente que comience en los grados preescolares y prosiga a través de todas las etapas de la educación formal y no formal;
3. Aplicar un enfoque interdisciplinario aprovechando el contenido específico de cada programa de disciplina, de modo que se adquiera una perspectiva global y equilibrada;
4. Examinar las principales cuestiones ambientales desde los puntos de vista local, nacional, regional, e internacional de modo que los educandos se compenetren con las condiciones ambientales de otras regiones geográficas y puedan establecer comparaciones;
5. Concentrarse en las actuales situaciones ambientales y en las que puedan presentarse, habida cuenta también de la perspectiva histórica;
6. Insistir en el valor y la necesidad de la cooperación local, nacional e internacional para prevenir y resolver los problemas ambientales;
7. Considerar de manera explícita los problemas ambientales en los planes de desarrollo;
8. Hacer que los alumnos aprendan a organizar sus propias experiencias de aprendizaje;
9. Que los alumnos sean capaces de sensibilizarse con su entorno para contribuir a resolver problemas poniendo especial énfasis en la sensibilidad de los educandos con respecto al medio ambiente de su propia comunidad;
10. Ayudar a los alumnos a descubrir los síntomas y las causas reales de los problemas ambientales en cualquier entorno de actuación;

11. Subrayar la complejidad de los problemas ambientales y, en consecuencia, la necesidad de desarrollar el sentido crítico y las aptitudes necesarias para resolver los problemas;
12. Utilizar diversos ámbitos de aprendizaje y una amplia gama de métodos para comunicar y adquirir conocimientos sobre el medio o que éste pueda brindar. (p. 49-50)

Estos propósitos pueden ser parte del quehacer pedagógico de cualquier nivel de enseñanza, no deben tratarse aisladamente sino todo lo contrario, como un todo, como parte del proceso pedagógico en general adecuándolos a los diferentes niveles por los cuales transita el educando desde el nivel primario y hasta el universitario no porque en este culmine el proceso de instrucción a los fines legales sino su inclusión permanente en todo el quehacer educativo y como se apuntaba antes, por todas las vías conocidas.

En este sentido, el autor propone entre los retos paralograr que la educación ambiental constituya plataforma de la cultura ambiental: prestar especial atención a los rasgos espirituales, intelectuales y afectivos, a la complejidad psicológica y social de los grupos humanos a los cuales está dirigida, a sus modos de vida, tradiciones, creencias, mitos, ideas, reglas, normas y sistemas de valores, a la vez, manejar con intención la comunicación provechosa entre los individuos, la mutua y profunda comprensión intelecto-emocional y el fomento recíproco de saberes, como eslabones mediadores en la contradicción dialéctica que se establece entre la tendencia de la cultura a salvaguardar su identidad y su permanente apertura a influencias externas yrenovadoras. Corresponde a la educación ambiental un importante papel en ello y el punto de partida debe radicar en la socialización de la propia teoría.

La relación entre las tendencias culturales como sistemas de creencias, valores compartidos, actitudes podría dar cuenta de los comportamientos y estrategias que los individuos mantienen en la interacción con el medio ambiente. Por lo tanto, dichas variables, en su más amplio sentido, tienen un peso determinante en el desarrollo de una cultura ambiental. Ahora bien, el compromiso con valores, creencias y actitudes más próximos a una relación armónica con el medio ambiente podría convertirse en un poderoso predictor del cambio de los contextos en los comportamientos.

Conclusiones

La relación entre educación ambiental y cultura ambiental, reproduce el vínculo que ha existido entre educación y cultura, pero se distingue por la urgencia con que se necesita promover la interacción entre ambas y la trascendencia que adquiere el resultado.

A pesar de que la cultura ambiental y la educación ambiental interaccionan recíproca y que se tejen lazos de cooperación y complementariedad que devienen en resultados sinérgicos para el desarrollo simultáneo de ambas, es en esencia la primera quien fomenta la segunda, razón por la que en el presente artículo se ha fundamentado la tesis de que la educación ambiental constituye una plataforma para desarrollar la cultura ambiental.

Bibliografía

Álvarez, L., y Ramos, F. (2003). *Circunvalar el arte.* Santiago de Cuba: Editorial Oriente.

Álvarez de Zayas, C. (1999). *La escuela en la vida* (3ra ed.). La Habana: Editorial Pueblo y Educación.

Amador, E. (2008). Estrategia metodológica para integrar la educación ambiental en la formación permanente del profesor general integral de habilitado de secundaria básica. Disertación doctoral no publicada, Instituto Central de Ciencias Pedagógicas, La Habana.

Beldarrín, E. (2004). *Horizontes.* Recuperado de Pontificia Universidad Católica de Puerto Rico: http://www.pucpr.edu/hz/013.html

Carpentier, A. (1980). *Ese músico que llevo dentro* (3er tomo). La Habana: Letras Cubanas.

Castillo, L. (2009). *Referentes teóricos metodológicos de la cultura ambiental en el diagnóstico comunitario.* Recuperado de http://www.gestiopolis.com/administracion-estrategia/metodologia- de-la-cultura-ambiental.htm

Cembranos, F., Montesinos, D., y Bustelo, M. (1998). *La Animación cultural: una propuesta metodológica.* Madrid: Popular S.A.

Centro de Información, Divulgación y Educación Ambiental. (1997). E*strategia nacional de educación ambiental.* La Habana: Autor.

Chávez, J., Suárez, A., y Permuy, L. (2005). *Acercamiento necesario a la Pedagogía General.* La Habana: Editorial Pueblo y Educación.

Cruz, R., Romero, E., y Hernández, M. (2007). *Educación ambiental y cultura: su convergencia en la construcción simbólica de la naturaleza.* En R. Bérriz (Ed.), Educación ambiental para el desarrollo sostenible. La Habana: UNESCO.

Ferrer, B.; Menéndez, L. y Gutiérrez, M. (2004). La cultura ambiental por un desarrollo sano y sostenible. La experiencia de Cayo Granma. *Revista Electrónica.* 59-79.

Guerra, M. (2011). El desarrollo de la sensibilidad por la biodiversidad, en la formación de docentes de Ciencias Naturales. En I. E Méndez, M. Guerra y D. Ricardo (Eds.). Para enaltecer la condición humana; una mirada a la sensibilidad desde la perspectiva ambiental (pp. 21-30). La Habana: Sello Editor Educación Cubana.

Gutiérrez, J., Benayas, J. y Pozo, T. (1999). Modelos de calidad y prácticas evaluativos predominantes en los equipamientos de educación ambiental. *Tópicos de Educación Ambiental, 1* (2), 49-63.

Hart. A. (1987). La educación estética. En N. Nuiry y G. Fernández (Eds.). *Pensamiento y política cultural cubanos* (3er tomo). La Habana: Editorial Pueblo y Educación.

Hernández, J. E. (2012). Cultura-sociedad-naturaleza: su interpretación en la apropiación del contenido medioambiental. *Monteverdia, 5*(2), 1-7. Recuperado de http://www.cm.rimed.cu/uzine/monteverdia/monteverdia.html

Leff, E. (1994). Sociología y Ambiente: Formación socioeconómica, racionalidad ambiental y transformaciones del conocimiento. En Gedisa (Eds.), Ciencias Sociales y Formación Ambiental (pp. 17-82). Barcelona: Ediciones Gedisa.

Ley No. 81 del Medio Ambiente, 1997, Gaceta Oficial de la República de Cuba, Extraordinaria. (1997).

Mateo, J. M. (2002). Medio ambiente y desarrollo. Manizales: Universidad Nacional de Colombia.

Méndez, I. (2011). Cultura, arte y sensibilidad por el medio ambiente. En I. E. Méndez, M. Guerra y D. Ricardo (Eds.), Para enaltecer la condición humana; una mirada a la sensibilidad desde la perspectiva ambienta (pp.7-20). La Habana: Sello Editor Educación Cubana.

Novo, M. (1998). La educación ambiental, bases éticas, conceptuales y metodológicas. Madrid: Universitas S.A.

Núñez, J. (1999). La ciencia y la tecnología como procesos sociales. La Habana: Editorial Félix Varela.

Organización de Estados Iberoamericanos (1998). Declaración final de la III Reunión Subregional sobre formación continuada en Educación Ambiental para el profesorado. Buenos Aires: Autor.

Ortiz, F. (2008). Viejo, pero no desjuvenecido. En L. Báez (Ed.), Los que se quedaron (pp. 10-20). La Habana: Casa Editorial Abril.

Roque, M. (2003). Una concepción educativa para el desarrollo de la cultura ambiental desde una perspectiva cubana, en IV Congreso Iberoamericano de Educación Ambiental, (CD-ROM), La Habana, Editorial Científico-Técnica.23-54.

Savranski, I. (1983). La cultura y sus funciones. Moscú: Editorial Progreso.

Sosa, S.; Isaac, R.; Eastmond, A.; Ayala, M. y Arteaga, M. (2010). Educación superior y cultura ambiental en el suroeste de México. Universidad y Ciencia, Trópico Húmedo, 26(1), 33-49. Recuperado http://www.publicaciones.ujat.mx/publicaciones/uciencia/abril_2010/3--isaac3.pdf

El reto de educar para la conservación de la biodiversidad[2]

Isidro E. Méndez Santos y Marisela de la C. Guerra Salcedo.

Introducción

La pérdida de biodiversidad constituye uno de los problemas ambientales más acuciantes que enfrenta la humanidad en la época contemporánea. En el *Convenio sobre diversidad biológica*, logrado con auspicio de la Organización de Naciones Unidas en 1992 (p. 1), se expresa que *"...la conservación de la diversidad biológica es interés común de toda la humanidad"*.

Las partes contratantes de este documento se comprometieron a promover y fomentar la comprensión de la importancia de la conservación de la diversidad biológica y de las medidas necesarias a tales efectos, así como a socializar esos temas a través de los medios de difusión masiva y a incluirlos en los programas educativos. Se llamaba también a la cooperación con otros Estados y organizaciones internacionales para la elaboración de programas destinados a la instrucción y sensibilización del público, en lo que respecta a su conservación y utilización sostenible.

Por su parte, tanto la Ley del Medio Ambiente (Asamblea Nacional del Poder Popular, 2001), como la Estrategia Nacional de Diversidad Biológica de la República de Cuba y su Plan de Acción (Ministerio de Ciencia Tecnología y Medio Ambiente de la República de Cuba, 2010) y Plan del Sistema Nacional de Áreas Protegidas 2009 – 2013 (Centro Nacional de Áreas Protegidas, 1997 y 2009), declaran como uno de los principios directores de la política ambiental, el incremento de la conciencia, con énfasis en las acciones de educación, capacitación y comunicación. Reconocen además, como una de sus principales líneas de acción, a la educación ambiental, concientización y participación ciudadana.

Desde esta perspectiva, ¿qué retos enfrenta la educación y concientización ciudadana que se necesita para enfrentar el problema relacionado con la pérdida de la diversidad biológica? Para contribuir a ofrecer una respuesta a la pregunta anterior, resulta necesario establecer determinadas premisas que servirán de hilo conductor al tratamiento del contenido, para posteriormente

[2] Publicado originalmente en Revista *Transformación*, *10* (1), enero – junio de 2014, pp.14-28. Disponible en: http://www.cm.rimed.cu.

construir una base epistémica sólida, tanto desde el punto de vista pedagógico, como ambiental, todo lo cual se encuentra todavía en pleno proceso de ampliación, desarrollo y consolidación.

Si se tienen en cuenta que uno de los problemas esenciales que influyen en la pérdida de la biodiversidad, es la insuficiente implicación de cada ciudadano en la mitigación y solución del problema, resulta también necesario extender los beneficios de la educación orientada en esta dirección a todos los sectores sociales con independencia de su edad, sexo, vínculo laboral y nivel de instrucción, pero de manera contextualizada, de modo que se garantice: "[...] *el respeto el derecho a ser diferente y, desde esta perspectiva, la resignificación de los procesos educativos en pos del pleno desarrollo del potencial de cada ser humano para hacer su vida más creadora y digna, y para participar plenamente en la construcción y transformación de la sociedad*" (Castellanos, 2007, p. 2).

Tales metas formativas sólo pueden ser asumidas desde la perspectiva de la educación para la diversidad, entendida esta, según Rivero, Méndez, Pino, Sáez, Pozas, Cuenca, Romero, Díaz ... Ramírez, (2004, p. 44) como aquella que: "[...] *la que asegura las condiciones y los medios, para que todos aprendan y se desarrollen con pertinencia y equidad, facilitando a cada uno, por diferentes vías, la posibilidad de alcanzar los objetivos más generales que plantea el sistema educativo para el nivel por el que transita y acorde con sus especificidades individuales".*

El objetivo del presente artículo radica en contribuir al establecimiento de la base epistémica a la que se hizo referencia en párrafos anteriores, a partir de sistematizar conocimientos provenientes de las ciencias de la educación y de las ciencias ambientales, utilizando como referente la experiencia acumulada por los autores durante más de 10 años, en la dirección del proceso de formación académica de postgrado en educación ambiental y, en particular, al abordar el contenido relacionado con la biodiversidad y su conservación.

Para ello se aplicaron métodos propios del nivel teórico del conocimiento, como el analítico – sintético, inductivo – deductivo y el enfoque de sistema, para valorar información obtenida de dos fuentes fundamentales:

1) Las fuentes consultadas.

3) Datos registrados en la práctica educativa.

La biodiversidad; sus dimensiones y niveles en que se expresa

El concepto actual de biodiversidad tiene importantes antecedentes en la Ecología, que no pueden ser desconocidos en el análisis que se realiza. En esta ciencia se ha utilizado tradicionalmente el término diversidad para denominar un atributo de las comunidades biológicas: su diversidad de especies, la cual es susceptible de ser medida, al igual que otras cualidades del ecosistema, como son, por ejemplo, la productividad, biomasa, densidad, etc.

El concepto de diversidad y su medición ha generado frecuentes polémicas, al extremo que ha llegado a ser negado por determinados autores. No obstante, existen en los sistemas ecológicos características estructurales relacionadas con la riqueza de especies y con el patrón de la abundancia relativa de éstas, que innegablemente están asociadas a factores ambientales.

¿Para qué sirve conocer la diversidad? Para comparar comunidades bióticas en el tiempo, en el espacio y bajo tratamientos experimentales. Las medidas de diversidad también se utilizan para comparar la utilización de hábitats, especialización de dietas y comportamiento, entre otras cualidades. Una contribución importante al conocimiento de la situación cubana en este campo aparece en la obra de Vales, Álvarez, Montes y Ávila (1998).

Con la introducción paulatina de los criterios cuantitativos en los análisis ecológicos se fue esclareciendo la idea de que la diversidad biológica involucra los conceptos de:

1) Riqueza de especies: La acepción más antigua y más extendida se refiere al número de especies. Dado a que es improbable, en muchos casos, poder determinar el número exacto de especies que habitan en un lugar determinado, este término casi no es usado, dando paso al de riqueza de especies, que de una u otra forma valora la cantidad de individuos colectados o un área de muestra. También el término densidad de especies es utilizado como expresión del número de especies encontradas en una unidad espacial.

2) Heterogeneidad. Este atributo enlaza a la riqueza de especies con el grado de homogeneidad en la abundancia relativa de las mismas. Se parte del hecho de que no es lo mismo una comunidad con 10 especies igualmente abundantes, que otra también con 10 especies donde una de ellas comprende el 95 % de los individuos. Este concepto encierra un contenido probabilístico. Por ejemplo, dos individuos seleccionados al azar, más difícilmente pertenecerán a la misma especie si la muestra se toma de la primera comunidad. Desde esta perspectiva, la comunidad con 10 especies igualmente abundantes aparenta tener más especies, a pesar de que ambas son iguales en ese sentido.

3) Equitatividad. Este concepto representa el grado de homogeneidad existente en las abundancias relativas de las especies. El término homogeneidad se refiere a la absoluta

igualdad de las abundancias relativas, mientras que equitatividad, que en español es un término homónimo al anterior, pero con significado distinto, se refiere al grado de homogeneidad relativa con un estándar específico. Así es que, considerando el postulado básico de la utilización de la homogeneidad relativa, se ha asumido para su presentación, el de equitatividad. Por muchas décadas los ecólogos de campo han sabido que la mayoría de las comunidades de plantas y animales contienen unas pocas especies dominantes y muchas especies que son relativamente raras (poco frecuente). La medición de equitatividad pretende cuantificar la desigual representación de una comunidad hipotética, en la cual las especies son igualmente comunes.

A pesar de todos los elementos aportados en párrafos anteriores, el concepto moderno de diversidad biológica no se corresponde con el de diversidad que se usa en Ecología, aunque incluye a este último. Este vocablo es en realidad muy joven, pues se utilizó por vez primera en 1985, por Walter G. Rosen y se socializó ampliamente cundo en 1988 apareció en la base de datos BIOSIS, del Biological Abstracts. A partir de esa fecha ha sido valorado y reconceptualizado por varios autores, los que han enriquecido paulatinamente su concepción semántica.

Ejemplo de lo planteado anteriormente, son las contribuciones dadas a su definición por diferentes autores, tanto internacionales, como nacionales. Tal es el caso de: Dirzo (1990), Ehrlich and Ehrlich (1992), Organización de Naciones Unidas (1992), Halffter y Ezcurra (1992), Raven (1992), Solbrig, Emden and Van Ordt (1993), Berovides (1995), Toledo (1994), Méndez (2002) y Méndez (2010), González, Castañeira, Gerharts, Hernández, Martínez, Martínez et al (s.f.)), así como Socorrás, Chamizo, y Rivalta (s.f.), por solo citar aquellos que han hecho énfasis en las aristas más significativas del tema.

Las analizar las definiciones aportadas por los autores anteriormente citados, se aprecian regularidades como la diferenciación de niveles en los cuales se expresa la biodiversidad (genético, específico y de ecosistemas), la atención prestada tanto a aspectos de índole cuantitativa como a otros que, por su esencia clasifican como cualitativos.

La biodiversidad diversidad a nivel genético expresa a la variedad que existe dentro de organismos de una misma especie y que involucra a los cromosomas, los genes y nucleótidos, entre otros elementos. Es el resultado de la acumulación en la naturaleza de mutaciones en el genoma por procesos que ocurren al azar, mucha de las cuales han sido moldeadas por la acción de la selección natural. Las variantes genéticas encontradas en la naturaleza están integradas no solo a funciones fisiológicas y bioquímicas de los organismos, sino también a sus relaciones ecológicas.

Con el nivel de expresión de la biodiversidad señalado en el párrafo anterior, guardan algunos de los problemas ambientales contemporáneos, como por ejemplo, la denominada erosión genética, consistente en reducciones del nivel de variabilidad que puede afectar la supervivencia de las especies, así como las acciones que se realizan para revertir esas afectaciones, entre las cuales se encuentra el trabajo con los recursos genéticos vegetales (fitogenéticos) o animales (zoogenéticos), denominación que se da a todos aquellos organismos vivos cuyas, unidades funcionales de la herencia tienen determinado valor actual o potencial.

La biodiversidad a nivel de especies expresa la variedad de grupos taxonómicos y formas de vida que pueblan el planeta, desde los virus, hasta los mamíferos. Guarda relación con problemas ambientales contemporáneos, entre los que se encuentran, por ejemplo: la extinción de especies y las invasiones biológicas. También se vinculan a él determinadas acciones que se realizan para revertir esas afectaciones, como por ejemplo: el monitoreo de especies que pueden desaparecer de la faz del planeta, el salvamento de poblaciones depauperadas, el trabajo de las áreas protegidas y el control de especies exóticas e invasoras, entre otras.

La biodiversidad a nivel de ecosistemas expresa la heterogeneidad del conjunto de individuos, especies, poblaciones y comunidades que, en un área determinada, interactúan entre sí y con las condiciones abióticas existentes. Incluye los biomas, los paisajes y los hábitats, entre otros. Con él están relacionados diversos problemas ambientales contemporáneos como: la deforestación, la destrucción de la vegetación en todas sus manifestaciones y el deterioro de los ecosistemas en general. También se relacionan con él determinadas acciones que se realizan para revertir esas afectaciones, entre los que pudieran citarse a: la identificación, monitoreo y manejo de áreas ecológicamente sensibles (montañas, litorales, humedales, cuevas calientes, etc.) y a la aplicación de técnicas para rehabilitar ecosistemas (forestación, reforestación, revegetación, etc.), entre otras.

Los aspectos de índole cuantitativa incluidas en la concepción de biodiversidad guardan relación con la riqueza, o sea la abundancia de genes, individuos, especies (incluido el hombre, como ser bio - psico - social y toda su heterogeneidad biológica y espiritual) y otras unidades taxonómicas, así como de ecosistemas.

Por su parte, los de esencia cuantitativa están vinculados a las interacciones que establecen esos elementos entre sí y con los factores abióticos de los ecosistemas y que determinan el funcionamiento tanto de cada organismo vivo en particular como de los sistemas que albergan la vida. Incluye los ciclos (de elementos, nutrientes, sustancias, etc.), los flujos (el de la energía, por ejemplo), los equilibrios que se alcanzan, la tendencia a la estabilidad, a la homeostasis, a la autopoiesis, etc. Determina, así mismo, la diversidad cultural que deriva de la interacción entre los hombres y de estos con el medio ambiente en que viven.

Sin embargo, algunas de las definiciones aportadas por los autores citados en párrafos anteriores presentan dos significativas limitaciones. Primero, excluyen al hombre y su diversidad cultural y, por último desconocen al elemento evolutivo, desconociendo el principio materialista dialéctico de que todo en el universo está en continuo movimiento y transformación.

La sistematización de las valoraciones expresadas anteriormente, permitió que como resultado de la investigación que se socializa en el presente articulo, se redefiniera el concepto de biodiversidad, a los efectos del tratamiento de que es objeto este contenido en el sistema de enseñanza postgraduada en educación ambiental, implementado por la Universidad de Ciencias Pedagógicas "José Martí". Según esta nueva visión la biodiversidad debe entenderse como la vida en todas sus manifestaciones, expresada en genes, especies (incluyendo la humana y su diversidad cultural), ecosistemas y los procesos ecológicos de los cuales forman parte, a la vez constituye resultado y continuidad de la evolución.

El aspecto evolutivo, al cual se le otorga un significado especial en la nueva definición, expresa la posibilidad que tiene la biodiversidad de generar nuevas y variadas entidades. Constituye un resultado de ese de ese proceso que: "[...] *conduce a los seres vivos a su diversidad, complejización, adaptación e interdependencia relativa del ambiente*" (Berovides, 2001, p. 2). Desde este punto de vista, podría plantearse que el objetivo más ambicioso al que se aspira, cuando se intenta revertir su pérdida en el planeta, radica en garantizar que esta continúe enriqueciéndose a sí misma y generando novedad.

Luego de haber reflexionado acerca de concepto de biodiversidad, es importante profundizar en el significado que, en la actualidad, adquiere la educación para su conservación y uso sostenible, con especial atención a las particularidades que a ello impone, el paradigma de la educación para la diversidad.

La educación ambiental y el manejo de la biodiversidad

Para valorar el papel que corresponde a la educación ambiental en el manejo de la biodiversidad, es necesario asumir como punto de partida el hecho real de que la primera constituye, en la actualidad, una tarea priorizada de la escuela, dada la necesidad de desarrollar conocimientos, sentimientos, valores y modos de actuación que se correspondan con una relación armónica y sostenible de la sociedad con el medio ambiente.

Una arista significativa en su desarrollo está relacionada con la búsqueda de vías instructivas y educativas que garanticen la conservación y uso sostenible de la biodiversidad (componente del medio ambiente), de modo que los estudiantes y la población en general, no sólo reconozcan los elementos que la integran, las amenazas que ponen en riego su existencia y las medidas para evitar su pérdida paulatina, sino que también se apropien de modos de actuación que se correspondan con esa aspiración.

La urgencia en este sentido es tal, que hoy se impone en ese contexto la necesidad de formar una cultura de la biodiversidad y de implementar acciones específicas para educar hacia su conservación, aspectos que en un mundo diverso impone retos importantes. Para profundizar en estos aspectos, es imprescindible reflexionar en torno a tres interrogantes básicas: ¿qué se entiende por una cultura de la biodiversidad? ¿Qué se entiende por educar para la conservación y uso sostenible de la biodiversidad? ¿Qué alternativas son posibles para lograr esa educación desde el paradigma de la diversidad?

La concepción de una cultura de la biodiversidad, tiene sus antecedentes en las definiciones de cultura ambiental dadas por Roque (2003 y 2006) y Amador, Mc Pherson, Pérez y Roca (2004). Sin embargo, el primero en ofrecer una definición del término fue Méndez (2010, p.70), quien considera que: "*... puede ser entendida como el conjunto de saberes, valores y significados que deben ser apropiados por los estudiantes a partir del tratamiento interdisciplinario desplegado en la enseñanza de este contenido sobre las diferentes formas de manifestación de la vida*".

El análisis detallado de la definición anterior permite reflexionar que, cuando se trata de los saberes, valores y significados que determinan la cultura de la biodiversidad, más que a un conjunto, es conveniente referirse a la interacción entre sus elementos, la cual implica el establecimiento de nexos y relaciones, su integración, esencial desde la óptica de un proceso reflexivo, inclinado a lo interdisciplinario, todo lo cual adquiere mayor solidez para la comprensión e interpretación del problema.

Es acertado que la cultura de la biodiversidad abarque los saberes, valores y significados que deben ser objeto de apropiación por el estudiante, sin embargo, se considera pertinente resaltar en el concepto, lo concerniente a la significatividad y sentido personal, porque en este último: "*...se expresa la relación de estas significaciones con los motivos del sujeto; el sentido 'psicologiza', hace subjetiva la significación objetiva, social*" (González, Castellanos, Córdova, Rebollar, Martínez y Fernández, 1995, p. 225), lo cual garantiza el dominio y solidez en el aprendizaje que debe caracterizar al sujeto, cuando denota poseer dicha cultura.

Por otro lado, este proceso no constituye solamente el resultado de un tratamiento interdisciplinario desplegado desde la enseñanza, pues en ello también influyen otros aspectos, entre los que se encuentran la atención: a lo afectivo, a la experiencia práctica, a las diferencias individuales, a la problematización y a la socialización, de modo que toda esa herencia cultural relacionada con la biodiversidad adquiera un significado para el sujeto, el cual, de acuerdo con González, Castellanos, Córdova, Rebollar, Martínez y Fernández (1995), siempre que adquiera para él un sentido personal, asumirá una función reguladora y autorreguladora, pues:

> *Si la sensitividad externa relaciona en la conciencia del sujeto las significaciones con la realidad del mundo objetivo, el sentido personal las relaciona con la realidad de su propia vida dentro de ese mundo, con sus motivaciones. El sentido personal es también lo que origina la parcialidad de la conciencia humana* (Leontiev, 1981, p. 125).

A partir de lo expuesto anteriormente, la cultura de la biodiversidad es concebida por Guerra (2011, p. 58), como: *"...el sistema de saberes y valores relacionados con la vida en todas sus manifestaciones, de los cuales se apropia el sujeto con un significado y un sentido tal, que se manifiesta en su intelecto y orienta actitudes hacia una actividad socio-transformadora a favor de su conservación y uso sostenible".*

Acerca de educación para la conservación de la biodiversidad se han referido varios autores, entre los que se destacan: González (2003), Álvarez (2003) Bynum y Porzecanski (2004) y Brown (2008), los cuales presentan diferentes y discutidos puntos de vista, pero ninguno ofrece una definición acabada al respecto. Sin embargo, en el contexto actual se necesita una educación que implique a los sujetos en el proceso de búsquedas de soluciones a esta problemática que esta enfrenta en la actualidad

Se trata de una educación para la conservación que rebase formas de pensar y actuar limitadas a la satisfacción, a ultranza, de necesidades individuales y colectivas en el plano utilitario, para convertirse en una necesidad y responsabilidad del hombre, desde una posición ética.

La connotación actual de la educación ambiental es ampliamente aceptada, no obstante, la situación que enfrenta la biodiversidad, su significación para la vida del hombre y la escasa comprensión de la contribución que se necesita de la sociedad para el manejo sostenible de los recursos bióticos, de confieren un papel aún más significativo. Por lo general, individuo piensa que su accionar no realiza un aporte significativo al incremento del problema, si se compara con la incidencia de la sociedad en su conjunto. Ello obliga a poner en el centro del debate a la educación para su conservación, la que debe ejecutarse desde una perspectiva desarrolladora, que propicie el desarrollo paulatino y potencial del sujeto, a partir de lo planteado por Vigotsky (1982, 1987), respecto a que la educación conduce al desarrollo. Por tanto, hay que lograr la transformación de modos de actuar como reflejo de un verdadero aprendizaje.

Se necesita de la apropiación significativa y con sentido de contenidos, del tratamiento de experiencias, vivencias, necesidades, motivos e intereses de los estudiantes, sobre los que es preciso trabajar, por su función reguladora e inductora en el desarrollo de la personalidad. Esa educación para la conservación debe partir del contexto histórico, económico, político y sociocultural en el que se forman los educandos, con respeto a la diversidad cultural y su rol en el uso, manejo y conservación de la biodiversidad.

De modo que, educar para la conservación, según Guerra (2011, p. 60), es:

> [...] *un proceso permanente y sistemático dirigido a la apropiación significativa y con sentido de los contenidos relacionados con la biodiversidad, de modo que el estudiante desarrolle conciencia, sentimientos y convicciones que guíen sus modos de actuación hacia su uso y manejo sostenibles, al implicarse protagónicamente en la transformación de la realidad que posee esta problemática en su entorno comunitario.*

Urge entonces perfeccionar el proceso de formación ambiental para sensibilizar, desarrollar valores y modos de actuación positivos, con independencia de las peculiaridades que se presentan al concebir una enseñanza para la diversidad, pues "[...] *la posibilidad de desarrollar verdaderamente una escuela abierta a la diversidad es un aspecto clave para alcanzar la calidad de los aprendizajes y, por ende, de la educación*" (Castellanos, 2007, p. 2).

Educar para la conservación de la biodiversidad implica también, prestar atención a la diversidad física y natural, socioeconómica y cultural; a la psicológica (cognitiva, afectiva, motivacional y psicosocial) de estudiantes, docentes e individuos que, con su heterogeneidad, forman parte de un grupo meta vinculado o no a la institución escolar.

Retos de la educación para la conservación de la biodiversidad desde la perspectiva de la diversidad

La sistematización de información la experiencia de los autores en el tratamiento de contenidos referidos a la biodiversidad, especialmente en acciones de formación académica de postgrado, le permiten sostener que, los programas educativos implementados por vía formal, los proyectos que se realizan por vía no formal y las emisiones informativas destinadas a comunicar, llamados a concientizar y estimular la participación ciudadana en actividades de conservación de la biodiversidad, tienen como principales retos en la actualidad, los siguientes:

- Garantizar que, en realidad, todas las personas aprendan, acorde con sus especificidades individuales y necesidades sociales, en función de formar sujetos educados para la conservación, lo cual resulta imprescindible para alcanzar el desarrollo sostenible. En la actualidad se logra mayormente en los diferentes niveles de la institución escolar, pero su incorporación a los programas de educación popular, masiva comunitaria es todavía insuficiente.
- Incrementar los vínculos directos o indirectos del sujeto con una representación cada vez más amplia de los elementos que forman parte de la biodiversidad y, por tanto, también la suma de vivencias personales que con relación a ellos pueden ser explotadas en el proceso de educar para la conservación de este recurso. Contra esta aspiración conspira el incremento creciente a la urbanización y la tendencia a asumir hábitos de vida propios de las ciudades. La educación para la conservación debe hacerse entonces en el marco de un sistema que potencie, de manera general, la educación de la ruralidad.
- Potenciar el tratamiento de aquellos organismos con los que el hombre no ha mantenido, hasta ahora, relaciones significativas o que, por sus características, resultan poco atractivos. Actualmente los programas educativos insisten mayormente en grupos con los que el hombre mantiene una interacción más estrecha y/o que resultan más conspicuas, a los efectos de los códigos contemporáneos de interés humano.
- Promover la apropiación por el sujeto del valor intrínseco de la biodiversidad y de las dimensiones afectiva, estética y ética de la conservación. En el presente, los programas educativos hiperbolizan su valor instrumental, resaltan, sobre todo, la perspectiva utilitaria directa, especialmente económica, a la vez que no se le da suficiente peso a la valoración de los servicios que esta realiza, ni a sus usos indirectos.

- Potenciar el tratamiento, en los programas educativos, de contenidos referidos a la diversidad a nivel genético y de ecosistema. Normalmente se le presta mayor atención al nivel de especie, aún en contextos muchos más abarcadores, como puede ser, por ejemplo, al abordar información relacionada con el trabajo de las áreas protegidas.
- Promover la valoración de la dimensión cualitativa del concepto de biodiversidad, en especial de la significación de los ciclos (de elementos, nutrientes, sustancias, etc.), los flujos (especialmente el de la energía), la conformación de los sistemas que garantizan la vida en la Tierra, los equilibrios que se alcanzan, así como la tendencia a la estabilidad (homeostasis) y autorregulación (autopoiesis) de los ecosistemas. En especial, se necesita socializar masivamente la certeza de que el fin supremo de la conservación, radica en asegurar que la biodiversidad continúe el proceso de su evolución natural. Muchas veces, los programas educativos actuales se limitan a abordar sólo la dimensión cuantitativa y, especialmente, la riqueza.
- La atención a los requerimientos educativos específicos de cada grupo meta. La educación para la conservación se ve condicionada por características propias de personas individuales y de grupos sociales particulares, como pueden ser, por ejemplo: las improntas culturales, las tradiciones, los mitos, las leyendas, los preceptos religiosos, el miedo, las fobias y las alergias, entre otros. La educación para la conservación tiene que hacerse sobre la base de un diagnóstico exhaustivo de todos esos condicionamientos, para aprovechar su potencialidad cuando resulten favorables al proceso y minimizar sus efectos negativos, en caso contrario.

Papel de la escuela en la educación para la conservación de la biodiversidad

Como se evidencia en los epígrafes anteriores, la tarea de educar para la conservación no le corresponde sólo a la escuela. Sin embargo, esta institución está llamada a revolucionar el tratamiento de esos temas y a potenciar la motivación por su estudio, entre otras múltiples demandas, determinadas por la existencia de diferentes grupos de estudiantes con necesidades educativas específicas, ya sean de carácter permanente o transitorio, aun cuando, como apunta Castellano (2007), no impliquen una discapacidad o trastorno.

Para lograr tales fines, los autores han venido profundizando en la base teórica y metodológica que sirve de sustento a la educación para la conservación de la biodiversidad, en el contexto de los programas de formación académica de postgrado implementados por la Universidad de Ciencias Pedagógicas "José Martí".

En primer lugar, se ha desarrollado la concepción de lo que ha sido denominado como enfoque etnobiológico desarrollador, para el tratamiento del contenido referido a la biodiversidad, y lo han definido como:

> ... *una dirección pedagógica que se asume en las Ciencias Naturales para desarrollar la dimensión ambiental sobre la base de valorar la relación del hombre con la biodiversidad, asociada a su cultura, de modo que se logre la apropiación significativa y con sentido de sus contenidos y la necesidad de conservarla, así como el desarrollo de convicciones y actitudes que les permitan, de forma activa y transformadora, educar para la conservación desde una concepción integradora de su importancia como patrimonio del cual depende toda la humanidad* (Guerra, 2011, p. 86).

En el presente artículo se defiende que, a partir de este enfoque, los contenidos que aprende el profesor en formación se enriquecen, al profundizar y explorar nuevos aspectos que sentarán las bases cognitivas para el desarrollo de sentimientos, convicciones e ideales y, con ello, un proceso educativo desarrollador, que les facilitará su motivación y desempeño como educador para la conservación en los diferentes contextos de actuación. Asumir ese enfoque como sustento teórico fundamental, ha permitido proponer validar en la práctica determinados procedimientos didácticos, algunos de los cuales han sido ya socializados (Guerra, Méndez y Velázquez, 2011), pero en el siguiente artículo, por su importancia, se desea profundizar en los siguientes:

El procedimiento identificado como cuestionamiento de creencias, mitos y leyendas relacionadas con la biodiversidad (Guerra, 2011), que consiste en hacer reflexionar al estudiante acerca de determinados dogmas, tradiciones y ficciones existentes con relación a los componentes de la biodiversidad en un contexto de actuación dado, tanto de aquellas que brindan un mensaje positivo, como de las que resulten negativas para la conservación.

Asume como punto de partida, el diagnostico de las preconcepciones de los estudiantes (falsas o verdaderas), sus creencias, vivencias, experiencias, motivaciones, conocimiento de determinado mito, leyenda y de lo que piensan al respecto. Las mismas se asumen desde una perspectiva problémica, promoviendo la búsqueda de información, el debate, la reflexión y confrontación de ideas, durante o cual, el texto científico cumple un rol esclarecedor y argumentativo, para favorecer la interpretación que permita develar los significados, evidenciar relaciones, el desarrollo de un conocimiento teórico, la actualización y enriquecimiento intelectual del estudiante, en la medida que incorpora significados hasta entonces no conocidos y que pueden influir en la forma de pensar y actuar con respecto a la biodiversidad.

Relacionado con el anterior, ha sido también establecido por los autores el procedimiento denominado muestreo etnobiológico con fines pedagógicos, que definen como: la indagación dirigida a la búsqueda de información sobre el conocimiento, uso y manejo de la biodiversidad que poseen los miembros de una comunidad determinada, y de cómo la cultura incide en todo ello (creencias, mitos, ritos, costumbres, entre otras), con vistas al desarrollo de proyectos educativos generados en la escuela, en condición de institución educativa y cultural, para contribuir a su conservación y uso sostenible.

Este procedimiento permite muestrear y profundizar en cómo piensan las personas, las creencias, usos y manejo que se hace de los elementos integrantes de la biodiversidad, dada la incidencia que ello tiene en su conservación, en función de la proyección de acciones educativas que, desde la escuela y, en atención a la heterogeneidad de formas de pensar y actuar de los sujetos. No es suficiente un diagnóstico ambiental que sólo incluya un inventario de especies y de las principales amenazas que estas enfrentan, sino que también es importante conocer las actividades humanas que, íntimamente asociadas a las costumbres y cultura de los pueblos, tienen un impacto sobre la biota, en especial en la diversidad genética de los cultivos y razas de ganado más utilizadas.

Finalmente, otro procedimiento puesto en práctica como parte de las acciones de la formación académica de postgrado en que se desempeñan los autores, es el que han nombrado como interconexión de textos sobre biodiversidad en Ciencias Naturales, que basan en el establecimiento de interrelaciones entre la información proveniente de diferentes áreas del conocimiento, que tienen como referente a la biodiversidad. El contenido ambiental se utiliza como catalizador, de modo que se logre la interpretación de significados sobre bases científicas, favorable a la conservación.

Conclusiones

Según la concepción que se socializa en este artículo, la educación para la conservación de la biodiversidad se connota como tarea prioritaria en la formación de educadores, con un alto nivel científico, técnico y pedagógico, con dominio del contexto sociocultural y económico en el que desarrollan su labor, portadores de una ética sustentada en la sostenibilidad y en el respeto a la diversidad.

En el contexto de la educación para la conservación de la biodiversidad, es preciso que el educador ambiental preste especial atención a la diversidad de los educandos, pues los rasgos de su cultura, sus creencias, vivencias y condiciones psicológicas generales, influyen decisivamente en los conocimientos, valores y modos de actuación que puedan desarrollarse en ellos, como condición indispensable para garantizar la estabilidad del planeta y la existencia del hombre.

Bibliografía

Álvarez, A. (enero-febrero de 2003). Educación para la conservación de la biodiversidad: reparando un puente entre la sociedad humana y la naturaleza. *El Tuquete* (5), [en línea] Recuperado el 9 de octubre de 20101 de: http://www.tuquete_ecojuegos.org.

Amador, E., Mc Pherson, M., Pérez, R., & Roca, A. (2004). Glosario de términos fundamentales y efemérides básicas sobre educación ambiental: para poder entendernos. En M. Mc Pherson, *La educación ambiental en la formación de docentes.* La Habana: Pueblo y Educación.

Asamblea Nacional del Poder Popular. (2001). Ley No. 81 Del Medio Ambiente. En *Temas de Geografía de Cuba, 9no grado* (págs. 71 – 93). Ciudad de La Habana: Pueblo y Educación.

Berovides, V. (1995). Acerca de la biodiversidad. *Cocuyo* (4), 5 - 8.

Berovides, V. (2001). *Biología evolutiva.* Ciudad de la Habana: Pueblo y Educación.

Brown, G. (2008). Acercamiento al aula del tema de la conservación de la biodiversidad: el caso de la flora nativa de Atacama y de los sitios prioritarios para su conservación. En G. Brown, *Libro rojo de la flora nativa y de los sitios prioritarios para su para su conservación: región de Atacama* (págs. 371-386). Chile: Universidad de la Serena.

Bynum, N., & Porzecanski, A. (2004). Educación para la conservación en Bolivia. *Ecología en Bolivia, 39*(1).

Castellanos, D. (2007). Atención a la diversidad y educación del talento. Curso 29. *Pedagogía 2007.* La Habana: Órgano Editor Educación Cubana.

Centro Nacional de Áreas Protegidas. (2009). *Plan del Sistema Nacional de Áreas Protegidas 2009 - 2013.* La Habana: CD ROOM.

Dirzo, R. (1990). La biodiversidad, como crisis ecológica actual; ¿Qué sabemos? *Ciencias* (4), 48 - 55.

Ehrlich, A., & Ehrlich, P. (1992). Causes and consequences of the disappearance of biodiversity . En J. Sarukhán, & R. Dirzo, *México Ante los Retos de la Biodiversidad* (págs. 77 - 106). México: CONABIO.

González, A., Castañeira, M., Gerharts, J.L., Hernández; E., Martínez, A., Martínez, R et al (s.f.). Curso de áreas protegidas de Cuba y conservación del patrimonio natural. *Universidad para Todos*. La Habana: Academia.

González, E. (2003). Educación para la biodiversidad. *Agua y Desarrollo Sustentable, 1* (4), [en línea]. Recuperado el 9 de octubre de 20101 de: http://www.aguaydesarrollosustentable.com.

González, V., Castellanos, D., Córdova, M., Rebollar, M., Martínez, M., & Fernández, A. (1995). *Psicología para educadores*. La Habana: Pueblo y Educación.

Guerra, M. (2011). *Estrategia pedagógica orientada a la biodiversidad y su conservación en la formación de estudiantes de Ciencias Naturales*. Tesis doctoral inédita. Camagüey: Universidad de Ciencias Pedagógicas "José Martí".

Guerra, M., Méndez, I. y Velázquez, E. (2011). La educación para la conservación y uso sostenible de la biodiversidad en la formación inicial de docentes de Ciencias Naturales. En *Monteverdia* 2 (4), 22 – 30.

Halffter, G. E. (1992). ¿Qué es la biodiversidad? . En G. Halffter, *La diversidad biológica de Iberoamérica I*. México: Acta Zoológica Mexicana. Volumen Especial.

Leontiev, A. N. (1981). *Actividad Conciencia y Personalidad*. Ciudad de La Habana: Pueblo y Educación.

Méndez, A. (2010). *Estrategia metodológica para el tratamiento interdisciplinario al contenido Biodiversidad en el área Ciencias Naturales del preuniversitario. Tesis doctoral inédita.* Holguín: Universidad de Ciencias Pedagógicas "José de la Luz y Caballero".

Méndez, I. (2002). *Biodiversidad y su conservación. Material complementario para el curso homónimo de la Maestría en Educación Ambiental*. Camagüey: Universidad de Ciencias Pedagógicas "José Martí". Inédito.

Ministerio de Ciencia Tecnología y Medio Ambiente de la República de Cuba. (1997). *Estrategia nacional para la diversidad biológica y Plan de acción en la República de Cuba*. La Habana: Centro de Información, Gestión y Edcación Ambiental.

Ministerio de Ciencia Tecnología y Medio Ambiente de la República de Cuba. (2010). *Estrategia Nacional para la Diversidad Biológica, y Plan de Acción en la República de Cuba 2011 -2015*. La Habana: CIGEA.

Organización de Naciones Unidas. (1992). *Convenio sobre la diversidad biológica.* Recuperado el 20 de octubre de 2012, de www.cbd.int

Raven, P. (1992). El carácter y el valor de la biodiversidad. En *WRI, IUCN, PNUMA. Estrategia global para la biodiversidad.* Londres.: PNUMA.

Rivero, M., Méndez, I., Pino, E., Sáez, A., Pozas, W., Cuenca, M., y otros. (2004). *Programa de Formación Doctoral en Ciencias Pedagógicas.* Instituto Superior Pedagógico "José Martí", Inédito: Camagüey.

Roque, M. (2003). *Estrategia educativa para la formación de la cultura ambiental de los profesionales cubanos del nivel superior orientada al desarrollo sostenible. Tesis doctoral inédita.* La Habana: Instituto Superior Pedagógico "Enrique José Varona".

Roque, M. (2006). Para la formación de una cultura ambiental. En:*Educación* (117), enero-abril, 4-8.

Socorrás, A., Chamizo, A., & Rivalta, V. (s.f.). *Universidad para Todos. Curso sobre diversidad biológica.* La Habana: Academia.

Solbrig, O., & Emden, V. A. (1992). *Biodiversity and global change. Monograph No. 8.* París: International Union of Biological Sciences.

Toledo, V. (1994). La diversidad biológica de México. *Ciencia*(34), 43-59.

Vales, M., Álvarez, A., Montes, L., & Ávila, A. (1998). *Estudio Nacional sobre la diversidad biológica en la República de Cuba.* Madrid: CESYTA.

Vigotsky, L. (1996). *El desarrollo de los procesos psíquicos superiores.* Barcelona: Grijalbo.

Vigotsky, L. S. (1981). *Pensamiento y lenguaje.* Ciudad de La Habana: Pueblo y Educación

Hacia una resignificación de la enseñanza del contenido del concepto de biodiversidad en biología [3]

Introducción

La biología de los días actuales está experimentando un período de intensos y profundos cambios. La valoración de los nuevos descubrimientos biológicos, la formación de nuevas concepciones teóricas y la aplicación de todos los aspectos de la práctica, en los problemas de la producción, la salud, la educación y el medio ambiente, ponen de manifiesto una extraordinaria actualización que obliga a trasformar su enseñanza, para introducir nuevas alternativas en el proceso que contribuyan a la preparación de las futuras generaciones encargadas de las trasformaciones sociales, que harán posible el desarrollo sostenible sobre la base del conocimiento y la responsabilidad moral con la diversidad biológica.

En el contexto cubano, la conservación y uso sostenible de la biodiversidad es prioridad, ya que constituye uno de los países del Caribe de mayor diversidad y endemismo. De ahí que, la educación para el desarrollo sostenible que se realiza desde el Sistema Educacional Cubano debe prestar especial atención a este tema. Por esta razón, la Estrategia Nacional para la Diversidad Biológica y su Plan de Acción en la República de Cuba, tiene entre sus metas y objetivos, la educación ambiental, concientización y participación ciudadana dirigida a: *"Introducir la dimensión educativa sobre la conservación y uso sostenible de la Diversidad Biológica en los programas del Sistema Nacional de Educación"* (CITMA, 2010, p. 17).

De ahí que, plantear la biodiversidad como concepto estructurante para abordar el aprendizaje de la biología, permitiría no solo tratar esta temática como parte de un problema ambiental, según se expresa en la Convención para la Diversidad Biológica y, particularmente, en su artículo 13, donde se reconoce la necesidad de crear conciencia y educar al público, sino también como una alternativa didáctica en la enseñanza de la ciencia. Entonces, ¿qué aspectos de este tema incluir en los libros de texto de Biología en Secundaria Básica y de preuniversitario para fortalecer, en el sujeto, una concepción de los diferentes componentes del medio ambiente como sistema complejo? Es sólo una de las interrogantes que derivan de ese reto, al que se hace referencia en el párrafo anterior.

---

[3] Publicado originalmente en Revista *Roca Revista científico - Educacional De La Provincia Granma, 13*(1), 158-170. Disponible en: https://revistas.udg.co.cu/index.php/roca/article/view/1221

De esta forma, en el campo de la investigación, la biodiversidad puede considerarse, todavía, un tema emergente, tanto en ciencia, como en política y en educación, lo que hace que no abunden los estudios en didáctica de las ciencias que aborden el tratamiento del contenido del concepto de biodiversidad como protagonista durante la enseñanza - aprendizaje de la Biología y de las ciencias naturales, en sentido general.

El tema, por su relevancia, ha sido abordado, desde la perspectiva específica de la investigación educativa, por varios autores entre los que se encuentran: González-Gaudiano (2002), Cañal (2008), Bernat y Góme (2009, 2010), García y Martínez (2010), Hernández (2013), Bermúdez, De Longhi, Díaz y Gavidia, (2013),Garcés (2007), Méndez (2010), Santos, Artau, Balmaceda, Villafaña, Bulgado (2010), García (2013, 2015), Artua (2015) y Méndez y Guerra (2014), entre otros, cuyos contenidos giran en torno al uso del debate como instrumento de mejora de la calidad de los razonamientos en la toma de decisiones para el tratamiento didáctico del contenido del concepto biodiversidad para educar en su conservación desde diferentes niveles de enseñanza.

El análisis de estas investigaciones devela que aún se aprecian en la práctica insuficiencias teóricas y metodológicas, al no precisarse la construcción y desarrollo del conocimiento didáctico del contenido del concepto de biodiversidad desde los libros de textos de Biología en secundaria básica y preuniversitario, así como de sus problemáticas y alternativas de conservación, que lleve a la concienciación del alumnado sobre la importancia y la relación social que se debe establecer con las formas de vida.

Por todo lo anterior, se han de proponer estrategias que faciliten cambios conceptuales respecto al modelo de enseñanza que practica el profesor, cambios metodológicos en su saber hacer práctico y, en particular, lograr cambios actitudinales positivos hacia la didáctica de las Ciencias, que faciliten la comprensión del concepto biodiversidad de manera integrada en el alumnado.

Partiendo de lo antes expuesto, el objetivo del presente trabajo radica en analizar el tratamiento didáctico del contenido del concepto de biodiversidad en los libros de texto de Biología en secundaria básica y preuniversitario, a partir de que en la República de Cuba se produce actualmente el perfeccionamiento continuo del Sistema Nacional de Educación como proceso de transformación curricular.

Desarrollo

En el desarrollo del trabajo se realizó una sistematización teórica a la luz de los aportes que ha realizado la comunidad científica y el desarrollo de la didáctica contemporánea, a partir de la utilización de métodos propios nivel teórico y empírico, como el analítico-sintético, inductivo-deductivo, el enfoque de sistema, el análisis documental y el criterio de especialistas para valorar información obtenida de cuatro fuentes:

- La bibliografía científica analizada.
- Las opiniones aportadas por especialistas consultados.
- Las experiencias registrada por los autores como profesores, investigadores y protagonistas del proceso de enseñanza y aprendizaje de la Biología.
- Las evidencias obtenidas de las visitas a clases realizadas a los docentes de Biología y las preparaciones metodológicas.

La muestra analizada de libros de texto integró 6 títulos de la Editorial Pueblo y Educación comprendidos entre los años 1989 y 2012de los autores cubanos (Hernández, J. et al. 1989, 1990), (Zilberstein, J. et al. 2000), (Portela, J. et al. 2006, 2007) y (Rodríguez, R. et al. 2012). Se eligen estas obras, debió a que actualmente están vigente para la enseñanza de la Biología en secundaria básica y preuniversitario de Cuba. Estas se caracterizan por presentar el sistema de generalizaciones biológicas que tiene como eje central la integridad de la naturaleza, enfatizando en la unidad y diversidad del mundo vivo, las relaciones estructura - función y las interacciones que se dan en el organismo como un todo. El listado de obras que fueron analizadas se detalla en la bibliografía consultada.

Por tanto, este resulta un momento propicio para reflexionar sobre el tratamiento de la categoría biodiversidad la que ha alcanzado en la época contemporánea relevancia particular en un contexto ambiental que se ha consolidado y generalizado en el ámbito científico, de ahí que, es totalmente imposible que la escuela no la incorpore al proceso de enseñanza –aprendizaje de la Biología, para contribuir en el sujeto la formación de la concepción científica del mundo como exigencias planteadas por la sociedad cubana y los problemas globales existentes.

Para el análisis de los libros de textos de Biología, se tomaron en cuenta los siguientes criterios:

- Conceptualización.
- Principales causas de la pérdida de la biodiversidad.
- Impacto ambiental.
- Sistema de clasificación.

- Importancia de la biodiversidad y sus consecuencias sobre el ecosistema.
- Calidad de las ilustraciones y la representación de la biodiversidad cubana.
- Las tareas docenes que proponen al estudiante.
- Las actividades prácticas que recomiendan.
- La organización de los contenidos biológicos.

En términos generales, en los libros de texto de Biología de secundaria básica como nivel básicamente de sistematización, no se contempla un tratamiento conceptual de la categoría biodiversidad, conservación, especies introducidas, invasoras, migratorias y en peligro de extinción, así como el tratamiento a la dimensión estructural y, dentro de ella al nivel de especie y la dimensión funcional o dinámica.

En el orden teórico falta aún mucho que decir sobre lo que entraña el contenido del concepto de biodiversidad, de los problemas que se presentan en la actualidad para contribuir a su enseñanza de manera contextualizada, de la resignificación que debe alcanzar el mismo para llegar a ser un contenido que favorezca un proceso de enseñanza - aprendizaje desarrollador.

En el libro de texto de (Rodríguez, R. et al. 2012) se avanza en la adecuación del conocimiento científico, reconociendo la pérdida de la biodiversidad como un problema ambiental. Esto muestra una actualidad en el tratamiento didáctico del contenido del concepto de biodiversidad y muestra evidencias de que pueden desarrollarse contenidos relacionados con este componente biótico del medio ambiente.

En lo que respecta a los textos de Biología de (Hernández, J. et al. 1989, 1990), no se tratan las causas que producen el desequilibrio y destrucción en los ecosistemas, la desaparición de muchas especies, la contaminación, la sobreexplotación de recursos, destrucción de hábitat, la deforestación y el cambio climático y sus efectos en la biodiversidad, además, no se hace un análisis que permita reflexionar al alumno sobre quiénes los producen y por qué; solamente se resalta la acción indiscriminada del hombre, siendo insuficiente. Otras causas, como la insuficiente cultura ambiental, no son abordadas.

Los resultados también muestran una clara tendencia a dar más importancia a la extinción de grandes vertebrados que al resto de seres vivos como los invertebrados, las plantas, los hongos y las bacterias. Al abordar la importancia y protección de los diferentes organismos se trata de un modo reduccionista ya que se obvian servicios como los de aprovisionamiento, reguladores, culturales y de apoyo, por solo citar algunos ejemplos. Por tanto, se enaltece la importancia utilitaria de los organismos y no siempre se hace referencia a su valor intrínseco, lo que limita el conocimiento de otras funciones que ofrece en los ecosistemas.

Respecto a las tareas docentes cabe destacar que si bien invitan mayoritariamente a la justificación científica, éstas generalmente se realizan reproduciendo la información aportada en el texto, siendo escasas aquellas más exigentes que permiten hacer síntesis o aplicación de los conocimientos a nuevos contextos y que fomenten el cambio de actitudes en torno la educación para la conservación y respeto por la biodiversidad para que el sujeto actúe de forma eficiente ante una situación concreta en la comunidad o espacios naturales donde vive y se desarrolla.

De igual modo, las actividades prácticas que recomiendan son limitadas y exigen un rediseño para establecer las relaciones entre los contenidos biológicos, geográficos, históricos, culturales y éticos, que tributen a una concepción holística e integradora del medio ambiente, de manera que enriquezca el conocimiento, al interactuar, profundizar y explorar nuevos aspectos que sentarán las bases cognitivas para el desarrollo de sentimientos, convicciones e ideales y, con ello, un proceso educativo desarrollador, que les facilitará su motivación y desempeño en los espacios naturales, para lograr la integración creativa de las experiencias, vivencias y conocimientos de la vida cotidiana y escolar, desde una perspectiva práctica, al integrar el saber, el sentir y el actuar en el medio ambiente.

Según los resultados del diagnóstico del currículo de Biología en la Educación General Media en Cuba, se transmite la idea de que la biología como ciencia y el conocimiento sobre la biodiversidad, son instrumentos para dominar la naturaleza. No siempre existe una correspondencia entre los objetivos y los contenidos de la Biología que se enseña y lo que la sociedad y los individuos necesitan. Se prioriza la transmisión de conocimientos sobre la biodiversidad y no se aprovechan las potencialidades del estudio de las relaciones del hombre con la naturaleza como fuente de moralidad, lo que evidencia una dicotomía entre lo instructivo y lo educativo(Ministerio de Educación, 2013).

En cuanto a las representaciones gráficas no garantizan que los alumnos establezcan por sí mismos los vínculos necesarios entre los textos que les acompañan, lo que limita el aprendizaje de un modo selectivo, fundamentalmente en el recuerdo explicativo y en la resolución de problemas. En este sentido, las imágenes deben acercar más al alumnado a la biodiversidad cubana, en toda su integridad (desde el punto de vista estructural, reflejando la diversidad genética, organismos de todos los grupos de especies y ecosistemas, pero también desde el punto de vista funcional).

Por otra parte, el sistema de clasificación de los organismos propuesto por Robert Whittaker (1969) en 5 reinos (Monera, Protista, Fungi, Plantae y Animalia), que a la luz de los avances en la biología molecular ya ha sido superado, por los criterios del zoólogos anglocanadiense Tom Cavalier Smith en 1998, a partir de su sistema de clasificación en seis reinos.

Cabe señalar que, la importancia de las plantas y animales, se estudia sólo desde su significación para la naturaleza, la medicina, la alimentación, la economía y la industria. Sin embargo, no se aborda su vínculo con la cultura, la historia y la vida afectiva del ser humano. En lo que respecta al preuniversitario, como nivel de profundización de los contenidos biológicos precedentes, atiende al estudio integrado de la vida y los diferentes niveles de organización biológicos, a partir de la relación estructura-propiedad-función-funcionamiento. Es importante señalar que no se incluye el concepto relacionado con la categoría biodiversidad, es insuficiente el tratamiento de los problemas ambientales y las actividades prácticas que recomiendan son limitadas para establecer las relaciones intra e interdisciplinarias, a partir de las invariantes del contenido.

El libro de texto Biología 4, parte 1 de los autores (Portela, J. et al. 2006, 2007)del preuniversitario en la unidad 1 "los componentes químicos de la vida", se explican los ácidos nucleicos, sin embargo no se enfoca su estudio desde el nivel genético de la biodiversidad y no se connota la aplicación de este conocimiento en la ingeniería genética, la medicina, entre otros.

Algo semejante ocurre con los contenidos del libro de texto de Biología 5 (Zilberstein, J. et al. (2000) los que están estructurados en cinco unidades: "Organización estructural funcional de los organismos, el organismo como un todo, "Funciones y características", "Reproducción y Herencia", "La vida. Su origen" y "Los organismos en el medio ambiente", todas relacionadas con los diferentes niveles en los que se expresa la biodiversidad, así como con las dimensiones cuantitativa y cualitativa del concepto.

Así, la Unidad 4, "Los organismos y el medio ambiente", comienza con el estudio de la Biosfera, esfera geográfica en la que se manifiesta la vida y, a partir de la cual, se analizan las interrelaciones entre los diferentes organismos, con énfasis en conocimientos esenciales para explicar, comprender e interpretar los fenómenos del medio ambiente, en particular de la biodiversidad, tales como; hábitat y nicho ecológico.

Se profundiza en el ecosistema, su dinámica y tipos representativos en Cuba. También se puntualiza en los caracteres de los niveles de población y comunidad, conocimientos que son básicos para establecer relaciones causa-efecto, así como desarrollar convicciones y puntos de vistas necesarios al reflexionar en torno a causas, amenazas y medidas para la protección y conservación de la biodiversidad.

Cabe destacar que, en el libro de texto de Biología 5, parte 1 las unidades "La vida, su origen y evolución", "Herencia y variación" y "los organismos y el medio ambiente" adolecen del enfoque desde los niveles de biodiversidad, lo que se facilitaría si se consideraran nodos cognitivos como la biodiversidad y los factores abióticos, el razonamiento de acciones de conservación y la solución de problemas que la afectan.

Otros problemas detectados se pueden resumir en los siguientes aspectos:

- Se aprecia una marcada tendencia, a partir de la valoración de la conservación de la biodiversidad solamente asociada al tipo de bienes y servicios ecosistémicos directos, como la provisión de alimentos y medicinas.
- La explicación de la biodiversidad genética es poco comprendida por el alumnado.
- El problema que supone la transposición didáctica del concepto de biodiversidad desde el pensamiento científico hasta lo que hay que enseñar en los libros de texto y el conocimiento cotidiano.
- La falta de conexión que se aprecia en los textos entre la dinámica del ecosistema y la conservación de la biodiversidad, lo que dificulta a los estudiantes captar la interrelación de los contenidos.
- El criterio de selección de contenidos para explicar la biodiversidad autóctona y endémica de Cuba y del municipio en particular, por parte del profesorado no es siempre el más adecuado.
- En los libros de texto de Biología, de secundaria básica y preuniversitario, es limitada la base conceptual, procedimental y axiológica, útil para fundamentar la conservación de la biodiversidad.
- Predomina el carácter sistemático basado en la clasificación de animales Prioridades para perfeccionar la enseñanza del contenido del concepto de biodiversidad en los libros de texto de Biología.

Como respuestas a las valoraciones realizadas los autores del presente ensayo se afilian a un grupo de recomendaciones realizadas por varios investigadores extranjeros y nacionales como García y Martínez, (2010), Hernández (2013), Bermúdez, De Longhi, Díaz y Gavidia, (2013), Garcés, (2007), Méndez y Rifá, (2013), Méndez, I. et al. (2015), Méndez y Guerra, (2014), García y Méndez (2015) y Artau, (2013, 2015), las cuales, al ser contextualizadas a la presente investigación, pueden ser consideradas al tomar nuevas decisiones encaminadas a la enseñanza de la biodiversidad en los libros de textos de Biología de secundaria básica y preuniversitario, entre ellas se enuncian las siguientes:

- Promover la apropiación por el sujeto del reconocimiento del valor intríncico de la biodiversidad y rechazar cualquier enfoque reduccionista, utilitarista, antropocentrista y economicista.
- Planificar actividades de enseñanza-aprendizaje tales como la formulación de preguntas, la elaboración de hipótesis y la predicción de resultados, con miras a acotar y a orientar creativamente el tratamiento de situaciones problemáticas relacionadas con la conservación de la biodiversidad.
- Profundizar en las causas de la pérdida de biodiversidad y sus efectos menos predecibles, focalizando dicho análisis en el impacto ambiental de las actividades humanas y en los fundamentos socioeconómicos y políticos que las sustentan.
- Incluir en las ediciones de libros de texto de Biología el concepto de biodiversidad, desarrollo sostenible, conservación, conservación ex situ, conservación in situ, educación ambiental, microorganismos, cultura ambiental, contaminación ambiental, sostenibilidad, gestión, manejo, y sostenibilidad, entre otros.
- Potenciar el tratamiento de aquellos organismos con los que el hombre no ha mantenido, hasta ahora, relaciones significativas o que, por sus características, resultan poco atractivos. Actualmente los programas educativos insisten mayormente en grupos con los que el hombre mantiene una interacción más estrecha y/o que resultan más conspicuas, a los efectos de los códigos contemporáneos de interés humano Méndez y Guerra, (2014).
- Elaborar actividades prácticas que permitan estimular la vinculación del alumnado con las áreas protegidas y otros espacios naturales cercanos a las escuelas y la comunidad para dotarlos de competencias teórico-prácticas para fundamentar y orientar la interpretación crítica y la toma de decisiones sobre la conservación biodiversidad.

- Incorporar temáticas que permitan el conocimiento del Sistema Nacional de Áreas Protegidas en Cuba y sus diferentes categorías de manejo, así como las políticas, regulaciones y leyes establecidas para la conservación de la biodiversidad.
- Atender el sistema de clasificación propuesto por Tom Cavalier Smith (1998), a partir de dos imperios: Prokaryota (donde ubica solamente al reino Bacteria) y Eucariota, donde sitúa a los reinos Protozooa, Fungi, Chromista, Plantae y Animalia. En Chromista, el sexto reino, se incluyen organismos autótrofos (o que lo fueron en algún momento), cuyos cloroplastos aparecen siempre rodeados por cuatro membranas, además de otras evidencias moleculares. A Chromista, Cavalier Smith ha trasladado organismos que, en consideración de Whittaker, pertenecían a Protistas (autótrofos y heterótrofos), Fungi y Plantae.
- Ofrecer tablas y gráficos con datos estadísticos actualizados para destacar el endemismo de la diversidad biológica del archipiélago cubano, el estado actual de conservación de los ecosistemas terrestres de montaña, alturas y llanuras y marinos-costeros como los fondos duros no arrecifales, fondos arenosos y fangosos, así como las lagunas costeras y estuarios, de manera que permita la proyección de acciones para la conservación y uso sostenible en el medio ambiente.
- Atender la integridad de los problemas ambientales de la época contemporánea y propiciar la comprensión de la naturaleza compleja de la biodiversidad, resultante de la interacción de sus aspectos biológicos, físicos, históricos, sociales y culturales.
- Promover la apropiación por el sujeto del valor intrínseco de la biodiversidad y de las dimensiones afectiva, estética y ética de la conservación. En el presente, los programas educativos hiperbolizan su valor instrumental, resaltan, sobre todo, la perspectiva utilitaria directa, especialmente económica, a la vez que no se le da suficiente peso a la valoración de los servicios que esta realiza, ni a sus usos indirectos Méndez y Guerra, (2014).
- Relacionar la destrucción ambiental con el modelo de desarrollo que pone a la economía como eje central de las relaciones humanas.
- Potenciar el conocimiento de la importancia de la biodiversidad desde el estudio de otros los servicios ecosistémicos que ella ofrece, como por ejemplo los culturales, espirituales y religiosos, educativos, estéticos, recreativos, simbólicos y cognitivos, entre otros.

Potenciar la observación de objetos y procesos naturales, la explicación, interpretación, comprensión, la resolución de problemas, la valoración de hechos y fenómenos naturales, así como la comunicación de forma oral y escrita a partir del conocimiento de los componentes esenciales de la biodiversidad.

- Perfeccionar las ilustraciones de los actuales libros de texto de Biología para complementar sus posibilidades didácticas.
- Potenciar el estudio de la relación estructura-función en los organismos evidenciando la integridad biológica y el desarrollo evolutivo alcanzado.
- Incorporar en los libros de textos actividades investigativas que favorezcan en el alumnado resolver problemas, la discusión, el planteamiento de investigaciones y ejercicios relacionados con la concepción de vida y naturaleza que incluya el reconocimiento de las interacciones con lo social a un nivel productivo y creador.
- Atender al estudio de la biodiversidad a partir de sus relaciones con el resultado de la historia evolutiva, y redimensionar el lugar que ocupa el hombre en la naturaleza para conseguir una visión más biocéntrica dentro de la ética ambiental.

Conclusiones

Se hace necesario continuar la búsqueda de propuestas didácticas que contribuyan a perfeccionar la preparación de los profesores para elevar la calidad de la dirección del proceso de enseñanza aprendizaje de la Biología en función de lograr la actualización científica y un adecuado tratamiento del contenido del concepto de biodiversidad desde un enfoque holístico, interdisciplinar, ecológico, integrador, sistémico, ecosistémico, evolutivo, ético y socio-económico que favorezca en el alumnado la educación para la conservación y uso sostenible de los componentes de la biodiversidad en el medio ambiente.

Bibliografía

1. Artau, R. (2015). Bioética y educación ambiental para la sostenibilidad. Memorias del Congreso Internacional Pedagogía 2015: Sello Editorial Educación Cubana.

2. García, J., & Martínez, F. (2010). Cómo y qué enseñar de la biodiversidad en la alfabetización científica. Enseñanza de las Ciencias, 28 (2), pp. 175-184.Recuperado el 6 de julio de 2016.Disponible en: http://www.raco.cat/index.php/

3. Bermúdez, A., De Longhi, L., Díaz, S. & Gavidia, V. (2013). Tratamiento de la biodiversidad en los textos escolares de la educación secundaria en España. IX Congreso Internacional sobre investigación en didáctica de las ciencias. Comunicación. Girona, 9-12 de septiembre. Recuperado el 11 de julio de 2016, de www.raco.cat/index.php/

4. Garcés, J. (2007). Una estrategia metodológica basada en el conocimiento de la biodiversidad faunística de la provincia Granma para el desarrollo de la educación ambiental en la formación de docentes de Ciencias Naturales. Tesis de maestría inédita. Granma: Instituto Superior Pedagógico "Blas Roca Calderío".

5. García, O. (2013). Análisis histórico del contenido biodiversidad en la enseñanza de la Biología en Secundaria Básica. RocaV (9), 24-33.Disponible en: http://roca.udg.co.cu/

García, O., & Méndez, A. (2015). La transposición didáctica del concepto biodiversidad y su tratamiento en los libros de texto de Biología en Cuba. En: Revista Electrónica Roca Vol (XI) - No. IV, 39-48. Disponible en: http://roca.udg.co.cu/

7. García, O. (2013). Metodología orientada al tratamiento de la biodiversidad en la enseñanza de la Biología en Secundaria Básica. Tesis doctoral inédita. Granma: Universidad de Ciencias Pedagógicas "Blas Roca Calderío".

8. González-Gaudiano, É. (2002). Educación ambiental para la biodiversidad: reflexiones sobre conceptos y prácticas. Tópicos en Educación Ambiental 4 (11), 76-85. Recuperado el 6 de julio de 2016.Disponible en: www.raco.cat/index.php/

9. Hernández, J. et al. (1989). Libro de texto de Biología 1.7mo. grado. La Habana: Pueblo y Educación.

10. Hernández, J. et al. (1990). Libro de texto de Biología 2.8vo. grado. La Habana: Pueblo y Educación.

11. Hernández, S. (2013). Aspectos históricos y epistemológicos del concepto de biodiversidad. Bio-grafia: Escritos sobre la Biología y su Enseñanza6 (10). pp. 84-93.

12. Martínez J.& García, J. (2009). Análisis del tratamiento didáctico de la biodiversidad en los libros de texto de Biología y Geología en Secundaria. Didáctica de las ciencias experimentales y sociales, 23, 109-122.

13. Méndez, I., & Rifá, J. (2013). La identificación y clasificación de organismos vivos en el contexto de la transformación curricular para formar profesores que imparten Biología. Transformación, 9 (2), 45- 57.Disponible en: http://reduc.edu.cu.

14. Méndez, I., & Guerra, M. (2014). El reto de educar para la conservación de la biodiversidad, Transformación X (1), pp. 14-28, Camagüey. Disponible en: http://reduc.edu.cu.

15. Méndez, I. et al. (2015). Epítome botánico para docentes en formación Tomo I. Inédito.

SEGUNDA PARTE

EL POTENCIAL DE LOS CONTENIDOS DE BIODIVERSIDAD

Análisis histórico tendencial del tratamiento a los contenidos de biodiversidad en el nivel educativo secundaria básica[4]

Introducción

El estudio de cualquier proceso histórico y su periodización es complejo, y para su discernimiento es necesario metodológicamente construir subdivisiones menores, es decir, períodos y etapas. La periodización es el acto y el resultado de periodizar. Este verbo (periodizar), por su parte, alude al establecimiento de periodos para circunscribir procesos históricos o de otro tipo. A través de la periodización, por lo tanto, se divide la historia en diversas épocas o etapas. Esta segmentación también puede llevarse a cabo en el arte, la ciencia y otros ámbitos. En este sentido, Plasencia (1994), plantea que:

> (...) "en el [periodo] se sintetizan varios lapsos en los cuales se resuelven determinados problemas históricos que poseen fundamentalmente significación para la realización de la tendencia de una determinada época histórica", la etapa es un "concepto de menor amplitud temporal dentro de los períodos históricos particulares" (p. 40).

Entonces, a partir de la sistematización teórica realizada desde el estudio de la bibliografía consultada por el autor en relación al tratamiento de los contenidos relativos a la biodiversidad en el nivel educativo Secundaria Básica como marco referencial de la presente investigación, a continuación presentamos el criterio y sus respectivos indicadores, como elementos que a nuestro parecer son fundamentales en la configuración de los argumentos para caracterizar la evolución histórica del tema propuesto.

Como criterio de periodización se seleccionan el primero y segundos proceso de perfeccionamiento del Sistema Nacional de Educación y la implementación en la actualidad del tercero, en el nivel educativo Secundaria Básica en sus diferentes estadios, teniendo como base las precisiones que a nivel del Ministerio de Educación (Mined) se hacen respecto a la Educación Ambiental.

Los indicadores de este criterio lo constituyen:

---

4 Publicado originalmente en Revista *MENDIVE, 19*(3), pp. 982-998. Disponible en: https://mendive.upr.edu.cu/index.php/MendiveUPR/article/view/2180

1. Principales eventos y documentos normativos desarrollados en el contexto internacional y nacional en defensa del medio ambiente y la consolidación de la educación ambiental.
2. Características de los programas, orientaciones metodológicas y libros de textos y su enfoque en relación con los contenidos relativos a la biodiversidad.
3. Las concepciones teórico - prácticas del tratamiento a los objetivos, el contenido, los métodos de enseñanza y aprendizaje y los procedimientos metodológicos.
4. El empleo de los medios de enseñanza y aprendizaje.
5. El aprendizaje contextualizadode la biodiversidad.

Una vez establecidos el criterio e indicadores de selección, se realizó la búsqueda de referencias en las bases de datos bibliográficas en la primera quincena del mes de diciembre del año 2019 en sitios de internet con bases de datos electrónicas Web of Science (WOS), Scopus, SciELO. Las palabras clave empleadas para la búsqueda en las bases de datos fueron biodiversidad, contenido biodiversidad y enseñanza y aprendizaje de la biodiversidad, tratamiento del contenido biodiversidad y sus equivalentes en inglés.

Se revisaron también los contenidos de los libros de texto, programas y orientaciones metodológicas de Biología séptimo y octavo grados del nivel educativo Secundaria Básica para ver qué incluyen sobre el tratamiento a los contenidos relativos a la biodiversidad: en primer lugar, si aparece el término biodiversidad, y en su caso, cómo se organizan los contenidos, el tratamiento a la importancia y cómo se aborda la pérdida de biodiversidad y sus consecuencias, así como la problemática entorno a la educación para la conservación.

Desarrollo

Desde las valoraciones expresadas emergió el proceso de investigación que tomó en cuenta algunos hechos que marcaron hitos en la enseñanza de la Biología en Cuba:

1. Clasificación de los conceptos biológicos con la implementación del Modelo Teórico de la Disciplina Biología en la Educación General Politécnica y Laboral como parte del plan de perfeccionamiento del Sistema Nacional de Educación en Cuba.
2. Instauración de los planes de perfeccionamiento del Sistema Nacional de Educación y su influencia en la enseñanza de la Biología.
3. Concepción del nuevo modelo de escuela Secundaria Básica, como parte de la Tercera

Revolución Educacional.

A partir de la sistematización teórica, se establecieron, para el análisis histórico, el período comprendido entre 1979 y 2022, con base en la intermitencia con que se ha presentado en el tiempo los hechos que marcaron hitos, así como el criterio e indicadores para llegar a identificar y establecer cuatro etapas, cuyos límites se establecieron a partir de la vigencia de cada perfeccionamiento ocurrido en Cuba, con énfasis en el nivel educativo de Secundaria Básica. Las características se analizan a continuación.

Enmarcar la primera etapa a partir de 1959, no significa que antes no se evidenciase una intención educativa con una dirección ambiental, pues en la actuación y obra de maestros cubanos de los siglos XVIII y XIX, como Félix Varela (1788-1853), José de la Luz y Caballero (1800-1862), Enrique José Varona (1849-1893) y José Martí Pérez (1853-1895), quien fue su máximo exponente, se encuentra el legado de una ética muy arraigada de respeto y protección a la naturaleza, así como del comportamiento social.
El ejemplo y la labor pedagógica de estos educadores constituyen un importante referente para la actividad educativa ambiental en Cuba, donde la educación se sustenta en concepciones martianas y en las ricas tendencias, las cuales asocian la historia cubana con una cultura que implica el comportamiento social hacia el entorno.

Etapa I (1979 -1999): Génesis de la organización y estructuración metodológica del tratamiento de los contenidos relativos a la biodiversidad como parte del perfeccionamiento de la Biología

En 1975 la Organización de las Naciones Unidas para la Educación la Ciencia y la Cultura, (UNESCO), realiza en el mundo un diagnóstico sobre recursos, necesidades y prioridades de los estados en el campo de la Educación Ambiental. En Cuba esta coyuntura facilitó la incorporación de temas ambientales al currículo y se realizan los primeros intentos de vincular algunas asignaturas con la problemática ambiental, a través del Plan de Perfeccionamiento continuo del Sistema Nacional de Educación que se iniciaba ese año.

Posteriormente, en el año1979 el Ministerio de Educación (Mined), asistido por la Comisión Cubana de la Organización de las Naciones Unidas para la Educación, la Ciencia y la Cultura (UNESCO), organiza el Primer Seminario Nacional de Educación Ambiental, referido al medio ambiente con participación de funcionarios del mismo y de otros organismos como la Comisión de Medio Ambiente y Recursos Naturales (COMARNA), la Comisión Cubana del Programa "El

Hombre y la Biosfera" (MAB) de la UNESCO, entre otros; este constituyó un hito fundamental en el reconocimiento y concreción de la Educación Ambiental en los diferentes niveles educativos.

Se promulga la Ley 33 sobre —Protección del medio ambiente y uso racional de los recursos naturales en enero de 1981 y, en su artículo 14 se precisa la introducción de los fundamentos teóricos sobre la protección del medio ambiente en el Sistema Nacional de Educación. En 1983 se promulga la Circular 42 del Ministerio de Educación, que impulsa la realización de actividades en las escuelas, para la celebración del 5 de junio como Día mundial del Medio Ambiente, aunque esta quedaba a el nivel de matutinos y divulgación general, elemento que contribuye a promover el desarrollo de la dimensión ambiental y su contextualización y sistematización en el nivel educativo Secundaria Básica.

En este período la educación ambiental y el tratamiento del contenido biológico tuvo un carácter asistémico y tradicional, con predominio de la actividad transmisora del docente y con un divorcio casi absoluto del entorno ambiental local y nacional, de modo que el objetivo fundamental era la adquisición de conocimientos reproductivos sobre algunos de los problemas del medio ambiente.

En el año 1986 se elabora el currículo de la Educación General y fue recogido en el Modelo Teórico de la Disciplina Biología en la Educación General Politécnica y Laboral el que entre sus objetivos persigue el perfeccionamiento de los contenidos biológicos, con énfasis en el tratamiento de la educación ambiental. Este documento constituyó un fundamento valioso para la dirección del proceso de enseñanza-aprendizaje de la Biología en Cuba, al contener la selección de los contenidos, su organización didáctica en el programa y el perfeccionamiento del proceso de dirección para la asimilación del contenido de enseñanza, en particular lo referido a la formación de un sistema de conceptos y desarrollo de habilidades fundamentales en la formación de la concepción científica del mundo y de utilidad en la vida práctica y social.

De esta manera, para todos los grados se ratifica la validez de las ideas rectoras que están en correspondencia con los ejes de programación de la biología formuladas en 1987, las cuales aparecen reflejadas en el libro Didáctica de la Biología (Salcedo, Hernández, del Llano, Mc Pherson & Daudinot, 2002). Estas ideas rectoras reflejan las generalizaciones que expresan el sistema de conocimientos y los métodos de trabajo de las ciencias biológicas y constituyen la base para una asimilación consciente de los conocimientos.

En consecuencia, en esta etapa de desarrolla el V Seminario de Educación Ambiental en la provincia de Camagüey en el año 1989, y marca una nueva etapa en la historia de este proceso para todos los niveles educativos incluyendo el nivel educativo Secundaria Básica. A partir de ello, en esta educación se incorporan los temas ambientales a los programas, orientaciones y libros de texto. De ahí que, la educación ambiental se limita al trabajo docente y no se aprovechan suficientemente las posibilidades de las actividades extradocentes y extraescolares. Con posterioridad, en el año 1990 ocurre el segundo perfeccionamiento de los planes y programas de estudio del Sistema Nacional de Educación y con este el de Secundaria Básica, etapa que se extiende hasta el año 2003.

En ese orden de ideas, la concepción de la enseñanza de la Biología constituyó una exigencia para la organización y estructuración metodológica del contenido biológico. Quedan así las asignaturas biológicas ordenadas de la siguiente forma: Biología 1 (Séptimo grado), Biología 2 (Octavo grado) y Biología 3 (Noveno grado) teniendo en cuenta el sistema de clasificación de los organismos vivos en 5 reinos (Monera, Protista, Fungi, Plantae y Animalia), lo que provocó cambios en la organización de los sistemas conceptuales.

De esta forma, los programas se organizaron con un enfoque deductivo del contenido; se iniciaban con unidades generalizadoras, en las que el estudiante se apropiaba de las generalizaciones esenciales, para luego operar con ellas en las unidades siguientes, aplicándolas a nuevas situaciones en el estudio de los grupos de organismos. De esta manera, en el libro de texto de Biología 1 del séptimo grado (1989) se concebían dos unidades generalizadoras: "Diversidad y unidad del mundo vivo" e "Introducción al estudio de la evolución de los organismos"; a partir de ellas, comenzaba el estudio de los diferentes grupos de organismos, en correspondencia con el sistema en 5 reinos.

En consecuencia, en el programa de Biología de séptimo grado, cuando se estudiaba la importancia de las plantas, solo se tenía en cuenta su significación para la naturaleza, la medicina, la alimentación, la economía y la industria; sin embargo, era poco abordado su vínculo con la cultura, la historia y la vida afectiva del ser humano, siendo esta una necesidad primordial para el desarrollo de una conciencia ambiental y de valores éticos y estéticos, necesarios para la formación ambiental del educando. Todo ello podría estar afectando la comprensión por el educando del valor intrínseco de la biodiversidad y de las dimensiones afectiva, estética y ética de la conservación, limitando el conocimiento de otros bienes y servicios ecosistémicos que ofrece en la naturaleza.

En lo que respecta a las orientaciones metodológicas de Biología octavo grado (Hernández, Díaz, Fumero & Campusano, 1990), se dirigen al estudio del quinto reino, el animal, siguiendo un orden que tiene en cuenta la evolución de forma ascendente desde los organismos más sencillos hasta los de mayor complejidad estructural, lo que sirve de base para el noveno grado. Sin embargo, se reconoce que el estudio de la naturaleza se trataba como un todo homogéneo y simplificado sin atender a su enorme diversidad, orientado fundamentalmente hacia la protección del medio ambiente.

En cuanto a los procedimientos deductivos estaban concebidos para que, a partir de generalizaciones biológicas, el educando operara con ellos en el análisis de los casos particulares del conocimiento y los aplicaran a nuevas situaciones. Esto implicaba recurrir necesariamente a los conceptos antecedentes, formados en unidades y grados anteriores y que deberían ser del dominio de los estudiantes, pero en la práctica no siempre ocurría así; pues no se formaban estructuras conceptuales que permiten la representación de lo aprendido, ya sea por la no utilización de procedimientos metodológicos adecuados o porque aprendían de memoria, con la consecuente aparición del olvido.

El origen de la expresión biodiversidad aparece en 1985 y fue acuñada por Walter (1985), durante la primera reunión para planear el Foro nacional sobre diversidad Biológica, que se llevó a cabo en Washington, D.C, bajo los auspicios de la Academia Nacional de Ciencias y el Instituto Smithsoniano, en 1986. La memoria de ese evento fue editada por Wilson (1988) bajo el título Biodiversidad, lo que propició la difusión de este término para su utilización; "el significante 'biodiversidad'.

Sobresalen en esta la etapa en 1992 el Convenio sobre la Diversidad Biológica (CDB), que se firmó el 5 de junio de 1992 en Río de Janeiro (Brasil) y sentó las bases políticas y jurídicas internacionales para el cuidado ambiental. Los principales objetivos del CDB fueron la disminución de la pérdida de biodiversidad, el uso sostenible de los recursos y una distribución justa y equitativa de los beneficios derivados de la utilización de los recursos genéticos, incluido el acceso adecuado a éstos y la transferencia apropiada de tecnologías. De esta manera, la biodiversidad fue definida en el CBD como "la variabilidad entre los organismos vivos de todas las fuentes, incluidos, entre otros, los ecosistemas terrestres, marinos y otros ecosistemas acuáticos y los complejos ecológicos de los que forman parte, tales como la diversidad dentro de las especies, entre las especies y de ecosistemas" (Bermúdez, 2018).

En la etapa se produce la creación del Ministerio de Ciencia, Tecnología y Medio Ambiente (CITMA) en el año 1994, la declaración de la Ley No. 81 de Medio Ambiente de julio de 1997, que establece los principios y normas de la política ambiental en Cuba, la instauración y puesta en práctica de la Estrategia Nacional Ambiental, la Estrategia Nacional de Educación Ambiental (ENEA), entre otros importantes acontecimientos, para profundizar en el proceso educativo ambiental en la escuela con una mayor exigencia y amparo legal. También se realizaron actividades de carácter metodológico, pedagógico y didáctico en función de lograr un adecuado proceso de ambientalización de planes y programas de estudios, como contribución a la formación ambiental.

En cuanto a los conocimientos biológicos que debían aprender los estudiantes en esta etapa todavía eran densos, sin recurrir a la asimilación de lo esencial y con poco énfasis en lo formativo; por tal razón, existió una etapa intermedia, encaminada a buscar cierta descarga en los programas, como antecedente de las modificaciones previstas para el curso 1999-2000, además, no siempre se partió de un diagnóstico ambiental en el contexto del entorno ambiental comunitario, que incluyera el vínculo con el modo de vida y las tradiciones de la población en el uso y manejo de la biota, de modo que se propiciara otra percepción de la biodiversidad local y de su conservación.

En relación con lo anterior, los objetivos en esta etapa no logran una verdadera interacción del educando con las diferentes formas de vida en el medio ambiente ya que se prestó mayor atención a los objetivos de carácter instructivo, mientras que la salida a los educativos eran insuficientes, estos se limitaron a promover el amor por los diferentes grupos (en algunos, desde un enfoque estético), a su cuidado, de modo que el término conservación, de mayor alcance en educación ambiental, no tuvo el énfasis requerido, era más utilizado el de protección de la naturaleza.

En concordancia con lo expuesto anteriormente, queda evidente que el perfeccionamiento continuó llevando a la enseñanza de la Biología por los caminos tradicionalistas del empleo del método expositivo; los programas se caracterizaban por la amplitud y profundidad de la materia a tratar. De esta manera, la realidad demostró que los programas con amplia amplitud de contenidos contribuían a que el profesor utilizara el método expositivo y no propiciaba la motivación hacia la búsqueda de información de forma independiente, al igual que la determinación de los objetivos, organización y control de las actividades prácticas.

Esta etapa se caracteriza por:

- La enseñanza de la Biología fundamentada en ejes de programación e ideas rectoras, las cuales constituyeron hasta la actualidad en las máximas generalizaciones del contenido de su enseñanza, así como los métodos y las técnicas de las Ciencias Biológicas vinculadas con ellas.
- La transmisión de información del contenido biológico se orienta con un carácter enciclopédico y un mayor volumen de conocimientos teóricos. El estudio de los contenidos de biodiversidad sigue tratándose con el mismo nivel de profundidad que en los niveles precedentes.
- Se comienza a observar el empleo de métodos como: el trabajo independiente, la elaboración conjunta, la exposición problémica, los heurísticos e investigativos.
- La dimensión ambiental se orientó al medio ambiente, pero la biodiversidad, aunque aludida y objeto de trabajos investigativos con un enfoque más educativo, no en todos los casos constituyó tema central, tratado como saber integrador.
- Las tareas docentes si bien invitan mayoritariamente a la justificación científica, estas generalmente se realizaban reproduciendo la información aportada en los libros de texto, siendo escasas aquellas más exigentes que permiten hacer síntesis o aplicación de los conocimientos a nuevos contextos y que fomenten un cambio de actitudes respeto a la biodiversidad en el entorno ambiental.

De igual modo, las actividades prácticas que recomiendan los libros de textos son limitadas y exigen un rediseño para establecer las relaciones entre los contenidos biológicos, geográficos, históricos, culturales y éticos, que tributen a una concepción holística e integradora del medio ambiente, que sentarán las bases cognitivas para el desarrollo de sentimientos, convicciones e ideales y, con ello, un proceso educativo desarrollador, que permitirá su motivación y desempeño de los educandos en el entorno ambiental.

Etapa II (2000-2012). El tratamiento de los contenidos relativos a la biodiversidad en el marco de las transformaciones en la educación media a partir del profesor general integral

En la etapa la determinación de los objetivos y contenidos formativos generales, marca el inicio de esta etapa, en la que se manifiestan los esfuerzos por propiciar la integralidad del proceso educativo ambiental. Se incluyen los programas directores y ejes transversales en el currículo, acompañados de sus objetivos; se orienta la dirección que debe darse a cada una de las asignaturas atendiendo a sus potencialidades; por tanto, constituye una prioridad, aunque es insuficiente la connotación metodológica del tratamiento de los contenidos relativos a la biodiversidad.

A partir del año 2004 se introducen cambios en el Modelo de la Secundaria Básica, los que deben ser ejecutados por el Profesor General Integral, aspecto que responde al perfeccionamiento permanente del Sistema Nacional de Educación. La dirección del aprendizaje de conceptos biológicos se organizaba con el empleo de las tecnologías de la información y las comunicaciones, a partir de la observación de teleclases, videos, software educativos y otros medios de enseñanza.

En esta dirección, el procedimiento metodológico más utilizado por el docente para la enseñanza y el aprendizaje de la biodiversidad era la observación de la transmisión televisiva, lo cual limita la interacción directa profesor-estudiante y el estudiante con el entorno ambiental y una exhaustiva preparación del profesor, que por ser general integral, debía dirigir el aprendizaje de todas las asignaturas. Esta situación provoca que el énfasis en las prácticas de laboratorio y el contacto directo con la naturaleza disminuya, dado porque la mayoría de las demostraciones prácticas se presentan en las teleclases. Se mantiene la vía deductiva para la dirección del aprendizaje de conceptos biológicos, en la que los estudiantes, con las generalizaciones biológicas que aprendían desde las teleclases, debían aplicarlas a situaciones nuevas en los espacios presenciales del proceso.

En el libro de texto de Biología de octavo grado (Hernández, Díaz, Campuzano &Fumero, 1990), el tratamiento de la biodiversidad en función de la conservación alude a algunas medidas, como por ejemplo, la repoblación forestal, las vedas, las áreas protegidas, las prohibiciones de la tala, la caza y la pesca. Sin embargo, no se trataban con profundidad las causas que producen el desequilibrio, destrucción de los ecosistemas y la pérdida de la biodiversidad como uno de los problemas ambientales más apremiantes en el ámbito global y quiénes los producen y por qué; solo se citaba la acción indiscriminada del ser humano, resultando insuficiente y formal.

Por consiguiente, la importancia de la biodiversidad se trataba de un modo reduccionista ya que se obviaban algunos servicios como por ejemplo, los culturales, espirituales, religiosos, educativos, estéticos, recreativos y simbólicos, creando en el educando una visión sesgada de la biodiversidad, reduciéndola a la idea de un número de especies. De esta forma, los libros de texto continúan con la dificultad de que las tareas para el aprendizaje carecen de enfoque interdisciplinar y se mantiene la vía deductiva para la dirección del aprendizaje de conceptos biológicos.

Esta es una etapa inmersa en el Decenio de la Educación para el Desarrollo Sostenible (2004 - 2014), declarado por las Naciones Unidas y apoyado por Cuba, cuya práctica ambientalista ya consideraba esta perspectiva. Estos elementos afianzan y brindan fortaleza a la formación ambiental orientada al desarrollo sostenible. Sin embargo, se confrontan algunas insuficiencias. Los objetivos previstos en el Modelo de Secundaria Básica, aunque refieren a la educación ambiental, les faltan precisión y coherencia en la intencionalidad y gradación que precisa el desempeño protagónico del estudiante.

En este orden de ideas, desde los documentos normativos que orientaban el trabajo educativo ambiental, se trazan como meta la de educar individual y colectivamente hacia la conservación y uso sostenible de los recursos naturales, en otras palabras educar para el desarrollo sostenible. Uno de estos documentos programáticos lo constituye la Estrategia Nacional de Educación Ambiental para el quinquenio 2011- 2015, en la cual se declaran los problemas ambientales a nivel global, nacional y local, donde se encuentra la pérdida de la biodiversidad (CITMA, 2011).

Como expresión de los esfuerzos para concretar las aspiraciones anteriores, en el año 2012 se publica un nuevo libro de texto de Ciencias Naturales para el séptimo grado, donde se estudia el medio ambiente y se evidencia la relación que se establece entre sus componentes; se hace énfasis además, en la importancia para su uso y manejo sostenible, y se explican las diferentes capas del planeta Tierra: litosfera, atmosfera, hidrosfera y biosfera. En él, también se trataban temas de Biología, entre ellos la unidad y diversidad de los organismos vivos que integran los diferentes reinos, detallándose con mayor profundidad el de las plantas. No obstante, se evidencia como regularidad que se tuvieron en cuenta los mismos contenidos biológicos del libro de texto del programa anterior y la importancia de las plantas continúo orientada hacia la naturaleza y a lo utilitario.

El empleo de procedimientos que implicaran al estudiante de manera activa y protagónica en la problemática ambiental, en especial de la biodiversidad, no fue suficiente. Prevalece una visión limitada a los aspectos naturales en los objetivos, lo que limita la orientación hacia el carácter formativo e integrador de la educación ambiental como solución a los problemas ambientales. Como se aprecia, prevalece la importancia de la biodiversidad orientada hacia la naturaleza y a lo utilitario, no siendo así en el plano histórico y como parte de la cultura de los pueblos.En esta etapa el tratamiento de la biodiversidad tiene una notable reducción en los contenidos y en las actividades prácticas a partir de las transformaciones.

Como características esenciales de la etapa, se desarrollan eventos de especial trascendencia en materia de medio ambiente. El proceso de enseñanza - aprendizaje de la Biología se enriquece con la incorporación de las tecnologías de la información y las comunicaciones, al introducir enciclopedias en formato electrónico, las teleclases y los materiales del Programa Editorial Libertad, entre otros, lo que facilitó la búsqueda de la información para la posterior construcción del conocimiento por parte del estudiante.

Esta etapa se caracteriza por:

- La enseñanza de los contenidos se relaciona con las estrategias que el docente propone en el aula para que el educando adquiera determinados aprendizajes a través de las teleclases y el empleo de otros recursos didácticos, lo cual limita la interacción directa del estudiante con el entorno ambiental.
- El sistema de objetivos que se caracteriza por presentar una visión más exigente del proceso de enseñanza- aprendizaje de la Biología con un carácter formativo en función de la educación ambiental.
- Se incorporan ya referencias explícitas a la necesidad de proteger la naturaleza y en especial a las plantas y los animales, sin embargo, su atención no se centra en el uso racional de los recursos, sino en los ecosistemas que se conservan en estado natural y en la red de áreas protegidas, como si ello bastara para asegurar la educación para la conservación de la biodiversidad.

Ocurrió una reducción, en los programas, del volumen de información y se limitó considerablemente la cantidad de excursiones a la naturaleza que se realizaron con anterioridad. Se continúan empleando métodos de trabajo independiente, fundamentalmente por parte de los teleprofesores y medios de enseñanza tradicionales.

Etapa III (2013-2017). El tratamiento de los contenidos de biodiversidad orientados a la integración disciplinar y al desarrollo sostenible como parte del perfeccionamiento

Esta etapa se ha llamado como tal, porque en ella se continúa y consolida la educación ambiental concretada en la etapa anterior, con dirección hacia el desarrollo sostenible, tendencia de la educación a nivel global y como respuesta a la agudización de los problemas ambientales en el ámbito global, regional y local con énfasis en la pérdida de la biodiversidad y la problemática en torno a su conservación. La incorporación de la dimensión ambiental se asume como un recurso metodológico que ayuda a la orientación e integración, en el proceso docente educativo, de elementos ambientales necesarios, así como al reajuste de los programas de estudio, bajo la propia concepción curricular adoptada.

De esta forma, se destaca en los programas la incorporación de objetivos y contenidos encaminados a la educación ambiental, aunque se considera que aún en los tres grados faltaba la integración para el tratamiento de la biodiversidad. Los contenidos relacionados con el medio ambiente no se ubicaban en una unidad específica, ya que su estudio no era integrado al contenido del resto de las unidades, para lograr aprendizajes más significativos y contextualizados.

En cuanto a los objetivos estaban organizados en forma lógica, coherente y gradual; aunque se consideraba que era necesario perfeccionar su elaboración desde un enfoque didáctico, formativo, desarrollador, y lograr una mayor integración considerando las relaciones intra e interdisciplinarias, a partir de las invariantes del contenido. De esta manera, se hacía énfasis en el componente formativo para demostrar la importancia de conductas responsables ante la salud individual y colectiva, demostrar amor por la naturaleza.

En lo que respecta a los métodos y procedimientos, en ocasiones, daban margen a la reproducción del contenido y a una limitada implicación activa y protagónica del estudiante con la biodiversidad del entorno ambiental, en ocasiones asistemático, dependiente de la preparación metodológica y la motivación del profesor de Biología para lograr el perfeccionamiento del proceso de dirección para la asimilación del contenido de enseñanza, en particular lo referido a la formación de conceptos y desarrollo de habilidades. Se ratifica en la etapa la validez de las ideas rectoras formuladas en 1987, las cuales aparecen reflejadas en el libro Didáctica de la Biología y en las orientaciones metodológicas.

Para lograr mayor correspondencia entre la enseñanza de la Biología y la preparación del educando para la vida, se propone tener en cuenta el predominio del enfoque deductivo, para aproximarse a la formación de conceptos científicos. Se profundizó en la aplicación de las formas de organización del proceso de enseñanza-aprendizaje como las excursiones a la naturaleza para la observación de objetos y fenómenos naturales y de tipos de clases como: seminarios, prácticas de laboratorio y clases prácticas, que perdieron su protagonismo y que eran imprescindible en la formación general e integral de los estudiantes.

De esta manera, ante las urgencias del drama ecológico que representa el cambio climático en la etapa y sus riesgos asociados, Cuba adopta un plan de estado titulado Tarea Vida como expresión de las urgencias que asume para el enfrentamiento al cambio climático sobre una base científica multidisciplinaria. (CITMA, 2016). Se destaca en especial el proyecto "Adaptación de los asentamientos costeros en Cuba a las amenazas del cambio climático con un enfoque basado en ecosistemas" (CITMA, 2017).

Esta etapa se caracteriza por:

- La enseñanza de los contenidos relativos a la biodiversidad para la formación de conocimientos, convicciones, actitudes y conductas responsables en los educandos para proteger y conservar el medio ambiente en general y la biodiversidad en particular.
- La existencia de un equilibrio entre los contenidos relacionados con la biodiversidad y el aspecto educativo y formativo que debe caracterizar el proceso. El empleo de métodos que implican al educando en la problemática ambiental, en especial de la biodiversidad, no fue suficiente y aunque se ha avanzó en la orientación de los objetivos y contenidos para potenciar la educación en la conservación de la biodiversidad, su aplicación en la práctica era limitada.
- En la práctica, persisten insuficiencias a partir de la transmisión de los contenidos de manera programática, donde solo se mencionan a las especies y los ecosistemas como conceptos aislados y no desde una visión integral, considerando las potencialidades que ofrece el contenido biológico y el entorno ambiental próximo como medio de enseñanza potencial, para el reconocimiento, reflexión, problematización, apropiación de conocimientos y la conceptualización de la biodiversidad.

Etapa VI (2018 - 2022). La actualización didáctico-metodológica de los contenidos de biodiversidad como parte del Tercer Perfeccionamiento del Sistema Nacional de Educación

El contenido de esta etapa responde a las exigencias de la formación integral del estudiante de Secundaria Básica planteadas en el fin de este nivel de enseñanza y sus objetivos, los que han sido precisados en el Plan de Estudio de esta educación en la tercera etapa de Perfeccionamiento del Sistema Nacional de Educación en Cuba y pretende profundizar y actualizar los contenidos biológicos a la luz de los avances de las ciencias biológicas hasta inicios de este siglo XXI, así como de los enfoques didácticos más avanzados en correspondencia con los logros de la pedagogía cubana, lo cual quedó contextualizado en la Concepción de la Disciplina Biología en la Educación General, Politécnica y Laboral.

En el nivel educativo Secundaria Básica se introducen nuevos contenidos, se sistematizan, profundizan y aplican otros ya estudiados en el nivel primario, en la asignatura Ciencias Naturales, se organizaron sus contenidos biológicos a partir de la biodiversidad con enfoque explicativo integrador, evolutivo, ecosistémico y bioético, organizados en grupos sistemáticos según la clasificación de Woese en los Dominios Archaea, Bacteria y Eukarya y dentro de este último los reinos Protista, Fungi, Plantae y Animalia.

En consecuencia, se enfatiza en la unidad diversidad que se evidencia en cada uno de estos grupos de organismos, donde se analizan las relaciones estructura - función y las interacciones que se dan en el organismo como un todo, donde se constata la integridad biótica. De cada grupo sistemático se estudia su unidad y diversidad a través de las características esenciales, sus adaptaciones al medio, la importancia en la naturaleza y la sociedad en general, la protección, conservación y uso sostenible, y sus relaciones evolutivas con el resto.

En la propuesta de programa de Biología 1 se actualizan los objetivos de la disciplina y de la asignatura, que constituyen una derivación a partir de los objetivos generales y del grado en el nivel medio, que están contenidos en el Plan de Estudio, contextualizados a los contenidos de la Biología en este grado. Asimismo, se incluyen los objetivos de cada una de las unidades, derivados de los objetivos de la asignatura, a partir de su contextualización en los contenidos de la unidad (Medina &Chacón, 2019). De esta forma, la asignatura Biología 1 queda conformada por ocho unidades.

De manera general, la unidad uno se corresponde con la introducción, donde se analiza la importancia del estudio de la biología a lo largo de la historia hasta nuestros días, entre otros temas. En la segunda unidad se introduce el estudio de la unidad y diversidad del mundo vivo. La tercera unidad se refiere al estudio de las relaciones que se establecen entre los organismos y el medio ambiente. En la unidad cuatro se estudian el mundo microscópico y se analizan las características esenciales que identifican a los virus, bacterias y protistas, así como su diversidad, importancia y relaciones con los seres humanos.

La quinta unidad se dedica al estudio de los hongos, sus características esenciales, diversidad, importancia y relaciones con los seres humanos. La sexta unidad abarca el estudio de las plantas, sus características esenciales, su origen como resultado del proceso evolutivo, los diferentes grupos, características, diversidad y sus relaciones evolutivas. La séptima unidad trata acerca de las aplicaciones de las plantas por la humanidad y sus impactos, la conservación, la agricultura sostenible y otros usos.

En la octava unidad se realiza una sistematización generalizadora de los contenidos tratados en el programa y están dirigidas fundamentalmente a relaciones ecológicas y evolución de la vida en la Tierra, la diversidad y distribución de los dominios y reinos estudiados, su unidad y relaciones evolutivas, el tratamiento a los ecosistemas y a la conservación y sostenibilidad del medio ambiente, con énfasis en la protección de la biodiversidad.

En consecuencia, los métodos y las formas de organización del proceso se diseñan para que sean activos, productivos, dar espacio para la actividad creadora y valorativa por los educandos, potenciar las actividades prácticas en los laboratorios y en otros espacios de la escuela y la comunidad como huertos, jardines, zoológicos, museos, entre otras, de manera que los conocimientos sean apropiados desde la realidad objetiva mediante las vivencias y experiencias de los educandos. Los medios de enseñanza en función de la gestión del conocimiento se refuerzan a partir de los audiovisuales y Software Educativos, la Intranet e Internet, así como el uso de estos recursos de telecomunicación para la interacción con el personal docente y con los educandos en la realización de tareas conjuntas, y en la participación en foros y blogs.

En lo que respecta al programa de Biología de octavo grado, se propone una primera unidad generalizadora donde se abordan las características comunes a los organismos, se estudian en orden evolutivos los diferentes grupos, agrupados en los animales de organización más simple (poríferos),después los animales de simetría radial (celenterados), seguidamente los animales desimetría bilateral no celomados y a continuación los bilaterios celomados no cordados, le continúan los celomados cordados agrupados en dos series: peces y tetrápodos.

Por último, se introduce una octava unidad de cierre titulada, conservación de la biodiversidad en la Tierra, en la que se estudian los contenidos relativos a la importancia del cuidado y la conservación de la biodiversidad, así como su contribución en el logro de un desarrollo sostenible, las principales causas que ocasionan su pérdida. Se proponen además actividades prácticas para la observación a la biodiversidad a través de excursiones. (Ministerio de Educación, 2016).

En el año 2019, ante la aparición del brote epidémico de una enfermedad infecciosa producida por el coronavirus 2 del síndrome respiratorio agudo grave (SARS-CoV-2), también conocida como COVID-19 (acrónimo del inglés COronaVIrus Disease 2019) (Ribot Reyes, Chang & González, 2020) y con prolongación en el 2022, el Ministerio de Educación en Cuba adoptó en el nivel educativo Secundaria Básica un grupo adaptaciones curriculares para la culminación del curso escolar 2019-2020 y el inicio y desarrollo del 2020-2021.

La continuidad del curso escolar, a partir de teleclases de alcance nacional, se evaluó sistemáticamente en función de las necesidades que se identificaron, así como las solicitudes de las y los estudiantes y las familias, lo que permitió la toma de decisiones oportunas, el rediseño de algunas acciones y la evaluación de su impacto. Sobre esta base, se habilitaron teléfonos, correos electrónicos, la página institucional del Mined y las diferentes plataformas (WhatsApp, Messenger, Facebook y Twitter) del equipo directivo de la institución.

En este sentido, se destacan las principales adecuaciones a los horarios docentes, los programas de estudio de las asignaturas biológicas y la transmisión de los contenidos a través de las teleclases por el Canal Educativo, de alcance nacional, con apoyo en lenguaje de señas y otras facilidades para la inclusión de escolares con necesidades educativas especiales, que dieron continuidad a los estudios en los hogares. De esta forma, se abordan todos los contenidos biológicos establecidos en el nivel en las gradas curriculares, con las frecuencias establecidas y con un enfoque de integración conceptual; se integran por ejemplo, contenidos referentes a las asignaturas de Ciencias Naturales, Historia Antigua y Medieval, Educación Cívica, Español Literatura, Geografía, Física.

En esta etapa se elaboración aplicaciones informáticas para computadoras y móviles, libres de costo para la familia, con ayudas psicopedagógicas. Entre ellas están las aplicaciones "MochiMente" y "Mi Clase TV" para dispositivos móviles con sistema operativo Android, con la opción de descargar de forma gratuita las actividades docentes televisivas. Apertura de un servicio nacional de tutoría en red permanente "Repasador en Línea" que funciona las 24 horas para atender dudas y preguntas de estudiantes y familias. Habilitación de acceso libre de costos al portal Cubaeduca.cu. Divulgación de spots de bien público, educación para la salud en tiempo de pandemia y mensajes de apoyo socioemocional.

Esta etapa se caracteriza por:

- Las variantes pedagógicas empleadas en el proceso de enseñanza-aprendizaje de los contenidos relativos a la biodiversidad se centran, fundamentalmente, en la unidad y diversidad que se evidencia en cada uno de estos grupos de organismos, donde se analizan las relaciones estructura - función y las interacciones que se dan en el organismo como un todo, donde se constata la integridad biótica.
- La actualización del contenido biodiversidad como parte del Tercer Perfeccionamiento del Sistema Nacional de Educación, transitó desde el enfoque multidisciplinar del contenido, hasta el transdisciplinar, en que cada asignatura biológica del nivel educativo Secundaria Básica conserva un enfoque en el cual los contenidos se comparten y se reconocen por separados, hasta la integración de las asignaturas a través de interdisciplinariedad; de esta forma se elimina por completo las fronteras entre las asignaturas.
- Las actividades prácticas en la naturaleza, se vieron afectadas ante las medidas de cuarentena y el aislamiento físico establecido por el Ministerio de salud Pública para evitar la propagación del brote epidémico provocado por la COVID-19.

De manera general, del análisis histórico realizado, a partir de los indicadores seleccionados, se revelan las siguientes tendencias que sintetizan el tratamiento de los contenidos de biodiversidad en el nivel educativo Secundaria Básica:

1. Las etapas establecidas han estado marcadas por el desarrollo de eventos científicos internacional es de especial trascendencia en materia de medio ambiente y la implementación en los programas de Biología de Secundaria Básica de los principios y objetivos de la educación ambiental para el desarrollo sostenible.
2. Se transita de una concepción teórico - práctica de los contenidos de biodiversidad con un nivel alto de información y especialización, hacia uno más ajustado a los requerimientos esenciales contemporáneos y, aunque se ha avanza en la orientación de los objetivos para favorecer la educación en la conservación de la biodiversidad, aún no se logra su aplicación en la práctica como aspiración.
3. Los métodos de enseñanza y procedimientos metodológicos, transitan desde métodos de exposición oral, con el empleo derecursos tradicionales divorciados de la realidad

ambiental próxima, hasta el empleo de métodos investigativos con un enfoque de sistema, que ayudaron a mejorar en los educandos la adquisición de un aprendizaje contextualizado de la biodiversidad y la necesidad de protegerla en la naturaleza.

4. El empleo de medios de enseñanza y aprendizaje, van desde los tradicionales hasta incorporar el nuevo modelo de tecnología educativa en el cual la realización de las actividades prácticas en la naturaleza se reduce a su observación en el aula a través de videoclases, limitando de esta forma, el vínculo del educando con las diferentes formas de vida que habitan en el entorno educativo y comunitario próximo.
5. Los programas de estudio transitan desde un carácter predominantemente instructivo hasta uno educativo; se refuerza como parte del perfeccionamiento el sistema de generalizaciones biológicas que tiene como eje central la integridad de la naturaleza, enfatizando en la unidad y diversidad del mundo vivo, las relaciones estructura - función y las interacciones que se dan en el organismo como un todo.

Conclusiones

El estudio histórico tendencial realizado plantea importantes retos al proceso de enseñanza-aprendizaje del contenido de biodiversidad en el nivel educativo Secundaria Básica, lo cual obliga al profesor de biología una permanente y sistemática actualización científica; de ahí la necesidad de lograr el tratamiento de la biodiversidad no como una herramienta conceptual, sino como objeto de conocimiento que se configura en interacción con el entorno educativo y comunitario. De esta manera, se propicia que el referido contenido deje de ser, solamente, para que el educando aprenda sobre la vida, y llegue a ser, un contenido que enseñe al educando a aprender a vivir y actuar de manera armónica para garantizar la sostenibilidad de la biodiversidad en la tierra.

Lo anterior, revela la necesidad de un aprendizaje más holístico y contextualizado de los contenidos de biodiversidad de y su problemática entorno a la educación para la conservación en el marco del proceso de enseñanza-aprendizaje de la Biología en el nivel educativo Secundaria Básica, a partir de lograr un proceso sistémico y vivencial que genere una enseñanza integrada del contenido, de manera que desarrolle en el educando conocimientos, hábitos, valores y habilidades prácticas, tanto en el ámbito escolar como en el extraescolar, tendientes a la conservación de la biodiversidad.

En esta dirección, es indispensable que la práctica pedagógica y didáctica de los docentes —en el aula y fuera de ella— propicie la evidencia del "saber hacer" del sujeto con el conocimiento adquirido. Es aquí donde la enseñanza contextual es un factor clave del proceso de enseñanza-aprendizaje. Así, surge la necesidad de construir mediaciones didácticas que fomenten la apropiación de la biodiversidad como elemento significativo. Esto permite a los estudiantes situarse en el entorno como parte de ella, como sujetos que asumen la protección de los ecosistemas como espacios vitales para la preservación de la vida y como escenarios de desarrollo personal y social que invitan a la sostenibilidad a través del abordaje de la biodiversidad (Barahona & Almeida, 2005).

Así, llegados a este punto, consideramos que el tratamiento a los contenidos relativos a la biodiversidad se concibe, como la determinación de los elementos que conforman la dirección didáctica que desarrollan los docentes, desde los objetivos, los contenidos, los métodos y procedimientos metodológicos, que tienen como expresión más externa las formas organizativas del proceso de enseñanza - aprendizaje de la Biología, para alcanzar como resultado la asimilación de los conocimientos, la transformación de los modos de actuación en los educandos en diferentes contextos, el desarrollo de las habilidades y valores, imprescindibles para la contextualización, significatividad y sentido en el proceso de apropiación de los contenidos biológicos desde un enfoque explicativo integrador, ecosistémico, evolutivo y bioético.

Bibliografía

Barahona, A., & Almeida, L. (2005). Educación para la conservación. México, 1ª edición. Facultad de Ciencias, UNAM. Disponible en: http://repositorio.fciencias.unam.mx:8080/jspui/bitstream/11154/177711

Bermúdez, G. (2018). ¿Cómo tratan los libros de texto españoles la pérdida de la biodiversidad? Un estudio cuali-cuantitativo sobre el nivel de complejidad y el efecto de la editorial y año de publicación. *Revista Eureka sobre Enseñanza y Divulgación de las Ciencias* 15 (1), 1102. doi:10.25267/Rev_Eureka_ensen_divulg_cienc.2018.v15.i1.1102

Castro, J., Valbuena E. (2007). ¿Qué biología enseñar y cómo hacerlo? *Tecné, Episteme y Didaxis.* 22 (1), 126-145.

Chacón, D.,Medina, D., Milian, M., Blanco, Y.,Jardinot, R., Juanes, I., Luis, J., Castro, M, Castillo, Y.,& Roberto, G. (2019). *Libro de texto de Biología 1. Séptimo Grado.* La Habana: Pueblo y Educación.

Chacón, D., Medina, D., Jardinot, R., Milián, M., Juanes, I., & Castillo, Y. (2019). *Orientaciones Metodológicas de Biología 1. Séptimo Grado.* La Habana: Pueblo y Educación.

De La Cruz, L., & Pérez, N. (2020). El saber escolar en biodiversidad en clave para resignificar su enseñanza. Praxis & Saber, 11(27), e11167. Disponible en: https://doi.org/10.19053/22160159.v12.n28.2021.11167

Enkerlin, E. 2004. "La conservación y la educación para la biodiversidad". In: I Taller sobre Educación para la Biodiversidad. Jiutepec, Morelos. México.

García, J. & Martínez, F. (2010). Cómo y qué enseñar de la biodiversidad en la alfabetizacióncientífica. *Enseñanza de las ciencias*, 28(2), 175-184.

García, O. (2013). *Metodología orientada al tratamiento del contenido de biodiversidad en la enseñanza de la biología en Secundaria Básica* [tesis de doctorado]. Universidad de Ciencias Pedagógicas Blas Roca Calderío, Granma, Cuba.

García, O. & Méndez, A. (2017). Hacia una resignificación de la enseñanza delcontenido del concepto de biodiversidad en biología (revisión). *Roca. Revista Científico-Educacional de la Provincia Gamma* 13(1), 158-170.Recuperado de: roca@udg.co.cu

García, O., Sánchez, M. & García, R. (2020). Aporte de un procedimiento didáctico paramejorar el conocimiento de la biodiversidad en Secundaria Básica. *Bio-grafía. Escritos sobre la Biología y su enseñanza*, 13(25).Recuperado de: https://doi.org/10.17227/bio-grafia.vol.13.num25-11575

Gil, Á., León, D. & Morales C. (2017). Los paradigmas de investigación educativa, desde una perspectiva crítica. *Conrado*, *13*(58), 72-74. Recuperado de: https://conrado.ucf.edu.cu/index.php/conrado/article/view/476

González-Gaudiano, É. (2002a). Educación ambiental para la biodiversidad: reflexiones sobre conceptos y prácticas.Tópicos en Educación Ambiental 4 (11),76-85. Disponible en: https://eaterciario.files.wordpress.com/2015/09/educacionambiental

González-Gaudiano, É. (2003b). Educación para la Biodiversidad. Revista, Agua y Desarrollo Sustentable", México, Gobierno del Estado de México. Junio, Vol. 1, Núm. 4. Disponible en: http://www.aguaydesarrollosustentable.com/

Hernández, J., Pérez-Puelles, N., Campuzano, N., Díaz, A., Santos, E., &Fumero, L. (1989). *Orientaciones metodológicas; Biología I, Séptimo Grado.* Ciudad deLa Habana: Pueblo y Educación.

Hernández, J., Díaz, A., Campuzano, N.,& Fumero, L. (1990). *Libro de texto de Biología 2. Octavo grado.* La Habana: Pueblo y Educación.

Hernández, J., Díaz, A., Fumero, L., & Campusano, N. (1990). *Orientaciones metodológicas; Biología 2, Octavo Grado*. La Habana: Pueblo y Educación.

Herrera, L. (2020). Saberes acerca de la biodiversidad en un escenario de educación no convencional. *Bio-grafía. Escritos sobre la Biología y su enseñanza* Vol. 11 No. 22, enero-junio 2019 ISSN 2027-1034. pp. 55–66.

Iribarren, L., Josiowicz, R., & Bonan, L. (2013). Educación para la conservación: realización de campamentos científicos en una reserva ecológica. Revista De Educación En Biología, 16(2), (pp.78–88). Disponible en: https://revistas.unc.edu.ar/index.php/revistaadbia/article/view/22400

Labarrere, G. y Valdivia, G. (1989). *Pedagogía.* Pueblo y Educación.

Leontiev A. N. (1975). *El pensamiento. En "Superación para profesores de Psicología",* Editorial Pueblo y Educación, La Habana, p. 51.

Martínez, X., García, I.& García J. (2019). Competencias para mejorar la argumentación y la toma de decisiones sobre conservación de la biodiversidad. *Enseñanza de las ciencias*, 37(1), 55-70. Recuperado de: https://doi.org/10.5565/rev/ensciencias.2323

Méndez, I.,& Guerra, M. (2014). El reto de educar para la conservación de la biodiversidad, Transformación X (1), pp. 14-28, Camagüey. Disponible en: http://reduc.edu.cu

Medina, D., &Chacón, D. (2019). *Programa de Biología 1. Séptimo Grado.* La Habana: Pueblo y Educación.

Ministerio de Ciencia tecnología y Medio Ambiente. (Citma). (2010). Estrategia Nacional para la Diversidad Biológica y Plan su Acción de la República de Cuba. La Habana: Academia.

Ministerio de Educación. (1979). *Primer Seminario Nacional de Educación Ambiental.* La Habana.

Ministerio de Educación. (1989). *Libro de texto de Biología 1.Séptimo Grado*. La Habana: Pueblo y Educación.

Ministerio de Educación. (2016). *Programa de Biología 2. Octavo Grado. (Versión 1).*La Habana: [s/n].

Ministerio de Ciencia tecnología y Medio Ambiente. CITMA. (1997). *Ley No. 81 de Medio Ambiente.* La Habana.

Ministerio de Ciencia Tecnología y Medio Ambiente. CITMA. (2011). *Estrategia Nacional de Educación Ambiental 2011 -2015. La Habana:* Centro de Información Gestión y Educación Ambiental.

Ministerio de Ciencia Tecnología y Medio Ambiente. CITMA. (2016). *Plan de estado de la República de Cuba para contrarrestar los efectos del cambio climático*. La Habana: Ministerio de Ciencia, Tecnología y Medio ambiente.

Ministerio de Ciencia Tecnología y Medio Ambiente. CITMA. (2017). *Proyecto de investigación Adaptación de los asentamientos costeros en Cuba a las amenazas del cambio climático con un enfoque basado en ecosistemas*. La Habana: Ministerio de Ciencia, Tecnología y Medio Ambiente.

Pérez, Z. (2006). *Estrategia didáctica para contribuir a un proceso de enseñanza aprendizaje desarrollador de los contenidos biológicos de décimo grado* [tesis de doctorado]. Instituto Superior Pedagógico "Juan Marinello", Matanzas, Cuba.

Primack, R. (2006). A primer of conservation biology.EEUU: SinauerAssociatesInc: 292. Disponible en: https://www.amazon.com/Primer-Conservation-Biology

Programa de las Naciones Unidas para el Medio Ambiente- PNUMA. (2005). *Manual de ciudadanía ambiental global*: Diversidad biológica.

Plasencia, A. (1994). *Metodología de la investigación histórica*. La Habana: Pueblo y Educación.

Organización de las Naciones Unidas. (1992). *Convenio sobre Diversidad Biológica* (CDB). Rio de Janeiro. Recuperado de: https://www.cbd.int/doc/legal/cbd-es.pdf

Rodríguez, R., Pedro, P., Esther, C., Bacardí, F., Fernández, M., Santos, E., Matos, C., Carvajal, C.,&Berta, A. (2012). *Libro de texto de Ciencias Naturales.* 7mo. Grado. La Habana: Pueblo y Educación.

Ribot, VC., Chang, N., & González, AL. (2020). Efectos de la COVID-19 en la salud mental de la población. *Revhabanciencméd* 19 (Supl.): e3307. Recuperado de: http://www.revhabanera.sld.cu/index.php/rhab/article/view/3307

Salcedo, I., Hernández, J., del Llano, M., Mc Pherson, M., & Daudinot, I. (2002). *Didáctica de la Biología.* (2da ed.). La Habana: Pueblo y Educación.

Santos-Ellakuria, I. (2019). Propuesta para mejorar la didáctica de la biodiversidad en la asignatura de Biología y Geología de 4º de ESO. Ikastorratza. e-*Revista de Didáctica*, 22, 90-121. Recuperado de: http://www.ehu.es/ikastorratza/22_alea/6.pdf

Silvestre, M. (2003). *Aprendizaje, educación y desarrollo.* Pueblo y Educación.

Salcedo, I., Hernández, J., del Llano, M., McPherson, M. y Daudinot, I. (2002). *Didáctica de la biología* (2a ed.). Pueblo y Educación.

Torrano, F.; Fuentes, J. L. y Soria, M. (2017). *Aprendizaje autorregulado: estado de la cuestión y retos psicopedagógicos.* Perfiles Educativos, 39(156), 160-173. http://www.

Van Weelie, D. y Boersma, K. (2018). Recontextualising biodiversity in school practice. *Journal of Biological Education*, 52 (3), 262-270. Recuperado de: https://doi.org/10.1080/00219266.2017.1338596

Vigotsky, S. L. (1960). El desarrollo de las funciones psíquicas superiores. Editorial Científico-Técnica, La Habana, 1987, p. 161.

Velázquez, E. (2005). *Estrategia didáctica para estimular el aprendizaje reflexivo en los estudiantes de las carreras de ciencias naturales de los institutos superiores pedagógicos.* [tesis de doctorado]. Instituto Superior Pedagógico "José Martí", Camagüey, Cuba.

Wilson, E.O. (1988). *Biodiversity.* Washington: national Academy Press.

Modelizando el tratamiento del contenido biodiversidad en la enseñanza de la Biología de Secundaria Básica[5]

Introducción

La biodiversidad constituye un recurso de inestimable valor para el hombre que requiere de especial atención desde perspectivas políticas, filosóficas, socioeconómicas, epistémicas, éticas, culturales, pero sobre todo educativas, para promover en el individuo y la colectividad una cultura ambiental, que permita tomar decisiones para enfrentar y de alguna manera, mitigar o eliminar los problemas ambientales presentes en el entorno ambiental derivados de la interacción hombre-naturaleza-sociedad. Es por ello, como defiende Bermúdez (2018): "el esfuerzo internacional en el cuidado de la biodiversidad se debe a que esta se encuentra amenazada por una crisis ambiental generalizada" (pág.4).

Como parte del marco curricular del nivel educativo Secundaria Básica, en la asignatura Biología octavo grado, sus contenidos se encargan del estudio del reino animal en interacción con el medio ambiente; se comienza con una unidad generalizadora de las características comunes a los organismos y los diferentes grupos se estudian en orden evolutivo, agrupados en los animales de organización más simple (poríferos), luego los animales de simetría radial (celenterados), seguidamente los de simetría bilateral no celomados, los bilaterales celomados no cordados y, por último, los celomados cordados, los cuales se agrupan en dos series: peces y tetrápodos.

Entre los objetivos generales de la asignatura Biología octavo grado, se encuentran valorar la belleza e importancia de la biodiversidad y la necesidad de adoptar una postura bioética ante su conservación y uso sostenible en las diferentes esferas de la producción y los servicios, con apego a las regulaciones legisladas a tal efecto.

Sin embargo, a pesar de estar definidos en el programa los contenidos y objetivos para favorecer al conocimiento de la biodiversidad cubana y la necesidad en la apuesta por la educación ambiental como cualidad de una educación para el desarrollo sostenible, aún se observan con

---

[5] Publicado originalmente en Revista *Scientific, 7(23), 212-231,* e-ISSN: 2542-2987. Disponible en: https://doi.org/10.29394/Scientific.issn.2542-2987.2022.7.23.11.212-231

frecuencia en la práctica educativa algunas dificultades didácticas y metodológicas en los docentes para articular el sistema de contenidos conceptuales, procedimentales y actitudinales.

A ello se añade que, a menudo los métodos y procedimientos que emplean no siempre permiten en el educando el aprendizaje contextualizado de la biodiversidad y el reconocimiento delos problemas ambientales locales; no se orientan en el programa de la asignatura lo suficientemente, cómo realizar el tratamiento de los contenidos relativos a la biodiversidad, desde las dimensiones afectiva, motivacional, sistémica, sistemática, económica, estética, sociocultural y de la dimensión estructural y, dentro de ella al nivel de especie y la dimensión funcional o dinámica.

Por otro lado, en la observación a clases se aprovecha poco las potencialidades que ofrece el entorno educativo y comunitario para despertar en el educando el interés y la motivación por la biodiversidad y su problemática; no siempre se orientan tareas integradoras, que impliquen al educando de manera consciente y protagónica en la indagación sobre su significado, la representatividad de la biodiversidad del territorio, el conocimiento de los problemas ambientales presentes en su comunidad, la importancia, las diferentes causas y consecuencias de pérdida de biodiversidad y su estado de conservación.

Estas debilidades de muestran la necesidad de reformular la enseñanza y el aprendizaje de la biodiversidad en la Biología octavo grado en el nivel educativo Secundaria Básica, para perfeccionar este campo de conocimiento de forma más contextualizada a la realidad, pues como plantean Echemendía, Arza & Borroto (2018): "la biología puede contribuir dada su fortaleza en el vínculo directo con la vida en la explicación de los hechos, procesos y fenómenos de la realidad" (pág. 51).

Por tanto, en opinión Rodríguez (2017): "es necesario un cambio en el tratamiento que se da a la Biodiversidad, de manera que los estudiantes la perciban como un elemento cercano y que tiene un efecto directo en su vida" (pág. 139). De ahí que, como sostiene Gutiérrez (2017): "se debe trabajar en la búsqueda de modelos didácticos de referencia capaces de desencadenar las acciones necesarias para formar ambientalmente a los estudiantes" (pág. 27) y que impliquen según De La Cruz& Pérez (2020): "modificaciones profundas, no solo de carácter curricular, sino en todo el engranaje de los procesos de enseñanza" (pág. 3).

Teniendo en cuenta la trascendencia de la problemática planteada y las necesidades de educación detectadas, la presente investigación se plantea como objetivo describir un modelo didáctico de tratamiento de los contenidos de biodiversidad en la enseñanza de la Biología octavo grado en el nivel educativo Secundaria Básica, para la formación de la cultura ambiental del educando.

Desarrollo

Bases epistémicas en las que sustenta el modelo didáctico

El modelo didáctico diseñado como construcción teórica, se sustenta en las bases epistémicas de los fundamentos de las Ciencias de la Educación, al precisarse que desde la Filosofía Marxista-Leninista, se toman en consideración sus categorías: causa-efecto, esencia-fenómeno, lo general, lo particular y lo singular, contenido-forma, actividad y la relación entre lo concreto y lo abstracto de la teoría materialista-dialéctica del conocimiento para la interpretación y transformación de la sociedad. A partir de esta plataforma filosófica se abordan las relaciones entre los distintos componentes del proceso modelado, como un eje de articulación e integración entre los subsistemas, transitando desde lo general a lo singular. De esta forma, su estructura lógica sirve de guía y fundamento a las condiciones histórico-sociales del contexto cubano.

En tanto, en la construcción teórica del modelo se asumió la Teoría General de los Sistemas como herramienta metodológica fundamental para modelar la enseñanza y el aprendizaje de los contenidos de biodiversidad desde un enfoque sistémico y como un sistema abierto, en el que se consideran: componentes, estructura, principio de jerarquía y relaciones funcionales (subordinación y coordinación), las características del sistema: frontera, contexto o medio ambiente, entropía, totalidad, sinergia, homeostasis, recursividad y autopoiésis, así como el método sistémico-estructural-funcional de la investigación.

En correspondencia con lo abordado, el modelo didáctico es de naturaleza didáctica porque responde al sistema de relaciones entre objetivo, contenido, método, medio, forma organizativa y evaluación del proceso de enseñanza-aprendizaje de la enseñanza de la biología y asume de la didáctica, sus leyes, categorías. En esta misma línea, expresa una representación simbólica conceptual del proceso de enseñanza-aprendizaje de la asignatura Biología grado octavo en el nivel educativo secundaria básica en las condiciones de Cuba; posee como finalidad funcionar como esquema mediador entre los contenidos relacionados con la biodiversidad faunística y la realidad ambiental próxima.

Como se aprecia, el modelo clasifica como didáctico, en tanto asume la categoría fundamental de formación como parte del cambio cualitativo que se pretende lograr en el educando de grado octavo. De ahí que, la formación de la cultura ambiental no podrá lograrse si no se comprende la necesaria relación hombre-naturaleza y sociedad-educación como un fenómeno social.

En el orden psicológico el modelo propuesto se fundamenta en el Enfoque Histórico-Cultural (Vigotsky, 1987), manifestada en la teoría sobre la situación social del desarrollo, atendiendo a la relación entre lo cognitivo y lo afectivo y la consideración de que el aprendizaje es un proceso social muy vinculado al desarrollo del sujeto. No menos significativo, resultan los fundamentos antropológicos y etnográficos, que permiten interpretar las prácticas culturales y tradiciones de los pueblos y el comportamiento de los grupos humanos ante la diversidad biológica que habita en el entorno educativo y comunitario.

La modelización, por su parte, es la actividad científica de construir modelos, una actividad esencial de la ciencia y escolar, que implica expresar, usar, evaluar y revisar modelos (Couso 2020), a lo que se añade que dependiendo de su papel en el proceso de enseñanza y aprendizaje, es un proceso de abstracción que cumple con una función fundamental de estudiar y descubrir nuevas cualidades, relaciones, principios o leyes del objeto de estudio; como método se convierte en un instrumento de la investigación de carácter material teórico que propicia llegar al resultado identificado como modelo y en correspondencia con sus fundamentos, componentes y alcance, se convierte en modelos: teórico, educativo, práctico, metodológico, pedagógico o didáctico, entre otros.

Concretamente, el modelo didáctico propuesto, constituye una construcción teórica-formal, de naturaleza sistémica, que de manera simplificada representa la estructura y dinámica del proceso de enseñanza-aprendizaje de la Biología grado octavo en el nivel educativo secundaria básica, a partir de la relación dialéctica entre los contenidos relativos a la biodiversidad faunística y la realidad ambiental próxima, para propiciar la formación de la cultura ambiental del educando (García, 2013).

En consecuencia, uno de los conceptos destacados en el proceso de modelación es el de biodiversidad, el cual es uno de los conceptos estructurantes de la biología (Castro y Valbuena, 2007), que tiene su marco teórico dentro de los trabajos que tratan la necesaria alfabetización ecológica y, más concretamente, su abordaje didáctico para la construcción del conocimiento desde la Enseñanza de la biología (García, Sánchez y García, 2020, García *et al*, 2020). De esta forma, entendemos que el término biodiversidad es la forma sintética de denominar a la diversidad biológica que se utiliza para referirse a todas las manifestaciones de la vida en la Tierra.

Así, llegados a este punto, consideramos que, al ser el concepto de biodiversidad un tema complejo que relaciona diferentes ideas, es necesario, además, abordar que entendemos por el concepto de biodiversidad faunística como definición operativa del constructo teórico-normativo objeto de estudio. Concretamente, esta alude a la diversidad de animales que habitan y se desarrollan en la naturaleza en estrecha interacción con el resto de los componentes bióticos y abióticos del medio ambiente.

A continuación, se describe el modelo didáctico como resultado científico el cual ha seguido una vía deductiva, en tanto parte de la determinación de los subsistemas y componentes que lo conforman; en este caso, lo general; pasa por la determinación de la estructura y funciones del sistema y de cada componente, lo particular; y de estas a revelar las cualidades emergentes de la interacción dialéctica entre ellos, es decir, lo singular. De esta forma, en el proceso modelado interactúan tres subsistemas: el subsistema cognitivo, el subsistema didáctico - metodológico y el subsistema axiológico-ambiental. **(Figura 1).**

Así las cosas, vale la pena señalar que los subsistemas representados en el proceso de modelación poseen un enfoque sistémico, participativo y están integrados por componentes que interrelacionados aportan la homeostasis y la sinergia necesaria que determinan su dinamismo. Estos se determinan a partir de un análisis crítico-valorativo de las fuentes bibliográficas consultadas, de la reflexión de las principales regularidades emanadas del diagnóstico y de la experiencia del autor en el tratamiento de los contenidos de biodiversidad en la escuela media cubana.

Del mismo modo, los tres subsistemas en su singularidad manifiestan relaciones funcionales de coordinación entre los componentes y expresan funciones específicas; en su interacción establecen una lógica particular de sistema con una relación dialéctica de subordinación con respecto al sistema en su conjunto y yuxtaposición como expresión de la recursividad de un sistema abierto. De ahí que, la jerarquía que ejerce el subsistema didáctico - metodológico sobre los subsistemas cognitivo y axiológico-ambiental, está dada en que este constituye el punto de partida para dinamizar la dirección del proceso de enseñanza-aprendizaje de los contenidos de biodiversidad faunística en la asignatura Biología octavo grado en el nivel educativo secundaria básica.

Los subsistemas están representados por componentes los que en su dinámica posibilitan la pertinencia y efectividad del proceso modelado; se determinan a partir de las carencias que en el orden teórico presentan los/as docentes que imparten la asignatura Biología octavo grado en el nivel educativo secundaria básica respecto al tratamiento de los contenidos relativos a la biodiversidad faunística. Estos expresan su sentido en las relaciones con el todo, con el proceso y a su vez con el medio ambiente. De ahí que, las relaciones entre ellos reflejan una nueva interpretación teórica, como manifestación epistémica que surge entre estos, y permite describir y explicar - sobre la base del principio de la derivación gradual, como expresión de su funcionamiento como todo sistema y que permiten interpretarlo, diseñarlo y ajustarlo, según las relaciones teórico-metodológicas que lo sustentan (Ndala, 2020).

El modelo didáctico propuesto posee las siguientes características:

- Se sustenta en el resultado de la sistematización de experiencias de la enseñanza de la biología en Cuba, los ejes de programación, las ideas rectoras como máximas generalizaciones del contenido biológico y el diagnóstico.
- Está orientado a estructurar y organizar metodológicamente el tratamiento de los contenidos de biodiversidad faunística en el nivel educativo secundaria básica en el contexto cubano, para la formación de la cultura ambiental de los/as estudiantes.
- Revela el carácter sistémico de las interrelaciones entre los subsistemas y componentes que lo conforman, convirtiéndose en organizador de la estructura teórica y de la viabilidad de la práctica del proceso de enseñanza-aprendizaje de los contenidos de biodiversidad faunística.
- Está concebido a partir de la lógica y la dinámica entre los componentes que intervienen en el proceso de enseñanza-aprendizaje de la biología octavo grado y la dinámica de sus interrelaciones que serán objeto de modelación.

El modelo didáctico propuesto tiene la ventaja de que:

- Constituye una entidad conceptual-metodológica que cumple una función intermediaria entre los presupuestos teóricos asumidos y la práctica científica en el campo de la didáctica de la Biología.
- Considera la vinculación directa de los contenidos de biodiversidad faunística en la asignatura Biología grado octavo, el entorno ambiental y la problemática ambiental.

- Toma como centro la excursión docente biológica como forma de organización de la enseñanza de la biología, a partir del estudio de los objetos, procesos y fenómenos que ocurren en la naturaleza y las interacciones de los organismos con el medio ambiente.
- Contribuye al aprendizaje significativo y, por consiguiente, a una interiorización de dichos aprendizajes, al desarrollo de habilidades, hábitos, capacidades, valores y modos de actuación responsables de los/as estudiantes en el entorno ambiental con un enfoque de sostenibilidad, como expresión dc la cultura ambiental alcanzada.

De esta forma, el modelo didáctico permite solucionar la contradicción dialéctica entre el carácter fragmentado de los contenidos de biodiversidad faunística en la asignatura Biología grado octavo en el nivel educativo secundaria básica y el necesario carácter integrado del proceso de enseñanza-aprendizaje con la realidad ambiental próxima. De ahí que esta perspectiva propone que la selección de contenidos no tiene una respuesta única, sino que por el contrario habrá múltiples posibles respuestas en función del mapa de saberes, concepciones y valores de cada docente (Bermudez y Occelli, 2020a).

Con base en los argumentos anteriores, el primer subsistema del modelo se ha identificado con el nombre de cognitivo, el que se refiere al proceso que asegura los conocimientos, las habilidades y valores que debe apropiarse el educando para establecer nexos entre el sistema contenidos y los conceptos precedentes, antecedentes y los hechos, leyes, procesos químicos, biológicos, geográficos y fenómenos naturales que ocurren en la naturaleza, todo lo cual permitiría estimular el interés y la motivación del estudiante para comprender, explicar e interpretar la biodiversidad faunística y su problemática relacionada con la conservación como necesidad, aspiración y exigencia social. Este es relativamente independiente de los anteriores, pero subordinado al subsistema didáctico metodológico como el de mayor jerarquía.

Concretamente, el subsistema tiene la función de orientar el sistema de conocimientos entorno a los contenidos relativo a la biodiversidad faunística como eje trasversal del proceso modelado, desde las características de los objetivos y del grado en el nivel educativo secundaria básica. El mismo está integrado por tres componentes: aprehensión de saberes sobre biodiversidad faunística, caracterización de la biodiversidad con un enfoque antropológico social y contextualización de la realidad ambiental. Estos componentes se relacionan entre sí de manera coordinada y entre ellos se revelan a su vez relaciones jerárquicas propias.

El componente designado como aprehensión de saberes sobre biodiversidad faunística, se refiere a los conocimientos que el estudiante debe poseer del sistema categorial relacionado con los conceptos de biodiversidad, conservación, especies introducidas, invasoras, migratorias y en peligro de extinción, los cuales son necesarios para la comprensión de los contenidos que se imparten en la asignatura Biología grado octavo. Por su parte, el componente designado como caracterización de la biodiversidad faunística con un enfoque antropológico social, se refiere al proceso de diagnóstico de la realidad ambiental del territorio, a partir de prestar especial atención a los rasgos que caracterizan y tipifican a las comunidades, desde diferentes aristas, tales como: los componentes físicos, naturales, socioeconómicos, educacionales, costumbres, composición etárea-social, prácticas culturales, actividad económica, las experiencias y vivencias, los saberes populares, religiosidad, mitos, tradiciones locales, historia local, entre otros aspectos que permiten interpretar a través del método etnográfico el comportamiento de los grupos humanos en el entorno ambiental.

En consecuencia, el componente designado como contextualización de la realidad ambiental, se refiere al enfrentamiento del educando a contradicciones que pueden generarse en los diferentes contextos de actuación; es expresión de los vínculos con el entorno natural donde vive y se desarrolla. De esta forma, el vínculo directo con la realidad ambiental a través de lo cognitivo y lo afectivo permitirá que el educando descubra cómo debe ser la relación entre el ser y el deber ser en el entorno ambiental y que aplique la teoría del conocimiento, como condición necesaria para que la enseñanza y el aprendizaje adquieran valor, significatividad y sentido personal para el educando. Al tratar el aprendizaje contextualizado, es necesario considerar el entorno natural, el contexto y el medio sociohistórico cultural en el que vive y desarrolla el educando.

Las relaciones dialécticas que se producen entre los componentes del subsistema cognitivo, son de complementariedad y colaboración, dado en reconocer que, en la medida en que el educando se apropia de los conocimientos relacionados con la biodiversidad de su realidad ambiental próxima, en él se produce una significación de estos conocimientos desde el punto de vista conceptual, teórico-práctica y afectiva motivacional, y a su vez, la importancia de estos conocimientos previos para la comprensión y explicación de los fenómenos y procesos que ocurren en la naturaleza, lo que facilita el tránsito hacia nuevas cualidades del proceso.

Entonces, de la dinámica resultante de estas relaciones entre los componentes del subsistema cognitivo deviene como cualidad resultante la apropiación de conocimientos de la biodiversidad faunística local, que se refiere al dominio que deben adquirir el educando de grado octavo de la diversidad de especies endémicas y autóctonas representativas de la fauna del entorno educativo y comunitario, así como de los valores, las experiencias de la práctica social, las actitudes, la sensibilización ante los problemas del medio ambiente y la interiorización efectiva y con sentido de la necesaria conservación de la biodiversidad en general.

En estrecha relación con el subsistema cognitivo se encuentra la el subsistema didáctico-metodológico, considerado como el segundo subsistema, que expresa el elemento dinamizador del proceso de enseñanza-aprendizaje de la asignatura Biología grado octavo en el nivel educativo secundaria básica, para perfeccionar la organización y estructuración metodológica de los contenidos relativos a la biodiversidad faunística a partir de las relaciones interdisciplinarias. Este subsistema es el de mayor jerarquía en el modelo y tiene la incidencia en el resto de los subsistemas.

Su función principal es guiar, orientar y direccionar la organización metodológica de los contenidos. Forman parte de este subsistema: la estructuración metodológica de los contenidos de biodiversidad faunística, la organización de los contenidos de biodiversidad faunística y la concreción de actividades prácticas biológicas en el entorno ambiental.

En este sentido, el componente reconocido como estructuración metodológica de los contenidos de biodiversidad faunística, se conceptualiza como la determinación de los elementos que conforman la dirección didáctica que desarrollan los docentes, desde los objetivos, el contenido, los métodos y procedimientos, que tienen como expresión más externa las formas organizativas del proceso de enseñanza - aprendizaje de la Biología grado octavo.

Este componente toma en cuenta el sistema de generalizaciones biológicas que tiene como eje central la integridad de la naturaleza a partir de los pares dialécticos integrados: unidad-diversidad, interacciones-dinamismo y estructura-función, el sistema de conocimientos como expresión de las ciencias y las fuentes de saberes, el sistema de las habilidades y hábitos, y el sistema de relaciones con el mundo sobre la base de la experiencia de la actividad creadora del educando (sentimientos, intereses, valores, comportamientos, convicciones), así como las actitudes con una alta carga de afectividad, que requieren de procedimientos y métodos para su construcción.

En consecuencia, el componente designado como organización de los contenidos de biodiversidad faunística, explica el proceso mediante el cual el docente de biología, organiza el sistema de conocimientos para lograr la significatividad y profundización del contenido desde un enfoque explicativo integrador, ecosistémico, evolutivo y bioético orientado al desarrollo sostenible.

En consecuencia, el componente designado como concreción de actividades prácticas biológicas en el entorno ambiental, devela el proceso mediante el cual el docente de biología toma en cuenta las etapas o pasos de la excursión docente (preparación, planificación, orientación, desarrollo o ejecución, presentación de los resultados), en función de estimular en el educando el acercamiento y el reconocimiento de la biodiversidad en general y la faunística en particular, para propiciar la apropiación de conocimientos y el desarrollo de hábitos, capacidades, valores, habilidades y la formación de actitudes que les permitan implicarse, de forma activa, protagonista y transformadora en el medio ambiente. Esta actividad práctica biológica es dinamizada por la motivación del educando bajo la orientación del docente.

Estas actividades prácticas pueden planificarse empleando diferentes funciones didácticas, fundamentalmente para la introducción y presentación de una nueva unidad, para ampliar y profundizar en contenidos nuevos con vista a un seminario, para aplicar o sistematizar contenidos biológicos ya formados; pueden preceder a una práctica de laboratorio, entre otras. Puede utilizar además, métodos problémicos como: la exposición problémica, la búsqueda parcial y la conversación heurística, que constituyen la base del método investigativo de la enseñanza problémica.

Llegados hasta este punto, de la dinámica que se establece entre los componentes del segundo subsistema deviene como cualidad resultante la actualización científica - ambiental del docente de biología, la cual asegura la preparación metodológica para enfrentar el tratamiento de los contenidos de biodiversidad faunística a tono con las trasformaciones que se llevan a cabo en el nivel educativo secundaria básica en el contexto cubano, de manera que permita contribuir a la formación de la cultura ambiental del educando.

Por tanto, las relaciones que se establecen entre los elementos que conforman los componentes del subsistema didáctico-metodológico, son de coordinación y de complementariedad los que en su dinámica posibilitan la pertinencia y efectividad del proceso de enseñanza - aprendizaje de los contenidos de biodiversidad faunística en la asignatura Biología grado octavo en el nivel educativo secundaria básica.

En estrecha relación con el subsistema didáctico-metodológico se encuentra el subsistema axiológico-ambiental considerado como el tercer subsistema, que toma en cuenta la compresión de la biodiversidad faunística desde una perspectiva ética, coherente con el respeto a todas las formas de vida, en el entendimiento de que cada especie desempeña un papel importante y único en la trama de la vida. Lo anterior implica, por tanto, la necesidad de cambiar el comportamiento ético del educando en el medio ambiente y que él se vea a sí mismo como parte integrante de la naturaleza en general y del entorno particular donde vive y actúa, lo que permite una orientación conductual respecto a qué atenerse y cómo comportarse en el entorno educativo y comunitario.

Este subsistema está integrado por los componentes: Orientación ideológica-normativa, proyección del comportamiento ético-ambiental y valoración crítico-reflexiva de la biodiversidad faunística, que si bien son relativamente independientes, poseen una estrecha relación y grado de jerarquía. De esta forma, el componente orientación ideológica-normativa se caracteriza por ser el elemento nuclear de la conciencia del sujeto, el prisma a través del cual comprende e interpreta la realidad de la comunidad y su entorno ambiental como condición para su transformación. La visión ideológica ante la biodiversidad, por parte del educando, se constituye en guía para su actividad y el establecimiento de relaciones con el contenido biológico, lo cual determina sus actitudes ante el medio ambiente.

El componente proyección del comportamiento ético-ambiental devela el sistema de relaciones éticas que se establecen entre los grupos humanos y la biodiversidad que habita en los espacios naturales, así como las normas de carácter específico, que orientan la acción ante circunstancias específicas que, al asimilarse sobre la base de conocimientos y comportamientos en la práctica cotidiana, pueden cambiar las costumbres de los educandos ante la biodiversidad que lo rodea. Implica las normas de carácter específico, que sirven de guía para orientar la acción ante circunstancias específicas que, al asimilarse sobre la base de conocimientos, y comportamientos en la práctica cotidiana, pueden cambiar las costumbres de los educandos.

Por consiguiente, el componente designado como valoración crítico-reflexiva de la biodiversidad, se refiere al proceso de análisis y elaboración que transita de la colectividad a lo altamente personalizado sobre el propio proceso de aprendizaje, generador de una postura activa y no adaptativa en el educando ante el proceso de aprendizaje de la biodiversidad y la problemática entorno a la conservación. La valoración que realice el educando de la biodiversidad de su realidad ambiental es reflejo de la significación que para él tengan sus componentes, en la que subyacen sus necesidades, motivos, sentimientos y su mundo afectivo. De ahí que, las relaciones que se producen entre los componentes del subsistema axiológico-ambiental, son de complementariedad y colaboración.

De la dinámica de esas relaciones sistémicas que se establece entre los componentes del tercer subsistema modelado deviene la significación de influencias educativo - ambientales, reconocida como la cualidad esencial del proceso que emana de la combinación entre lo cognitivo-instrumental y lo afectivo-valorativo, carencias y potencialidades, que hace que los contenidos relativos a la biodiversidad cobre para el educando, desde lo personal, un determinado sentido y que potencie el establecimiento de relaciones entre lo conocido y lo nuevo por conocer; que potencie la satisfacción personal.

Para resumir lo que se ha planteado hasta el momento, vale la pena plantear que las relaciones sistémicas que se establecen entre los subsistemas cognitivo, didáctico-metodológico y axiológico-ambiental son de complementariedad y de coordinación. Por tanto, de la dinámica de la interacción sistémica que se establecen entre ellos, emerge una cualidad resultante de orden superior, que ha sido identificada, al modelar el proceso como, la formación de la cultura ambiental del educando que emerge como resultado del funcionamiento general del proceso modelado y que no es aportada por ninguno de los componentes en particular de los subsistemas.

Como resultado de la interacción sistémica entre los subsistemas cognitivo, didáctico-metodológico y axiológico-ambiental y sus componentes se establecen relaciones de subordinación y de complementariedad; asimismo, reflejan una nueva interpretación teórica, como manifestación epistémica que surge entre estos y permite describir, explicar y pronosticar estadios superiores de desarrollo de los subsistemas; se manifiesta de este modo la sinergia, expresada en la formación de la cultura ambiental del educando como cualidad totalizadora de orden superior resultante, que emerge como resultado del funcionamiento general del proceso modelado y que no es aportada por ninguno de los componentes en particular; la autopoiesis por su parte, se manifiesta al generar el autodesarrollo del sistema sobre la base del principio de la unidad entre lo cognitivo y lo afectivo, propia de todo sistema. Por tanto, las relaciones anteriormente expresadas, en su integridad, le confieren estabilidad al proceso modelado como expresión de la homeostasis.

Llegados a este punto, la formación de la cultura ambiental del educando se concibe entonces como el proceso de asimilación de los conocimientos, el desarrollo de habilidades, hábitos, sentimientos, capacidades, motivaciones y actitudes que permiten reorientar la actividad práctica, comunicativa, axiológica (o valorativa) y autorregular el comportamiento en el medio ambiente, para abordar los problemas ambientales presentes en el contexto educativo y comunitario, desde un enfoque sistémico y de sostenibilidad.

De esta forma, las relaciones que se producen al interior y dentro de los componentes del modelo, revelan regularidades que permiten explicar el comportamiento y transformación de los contenidos de biodiversidad faunística desde un nivel más alto de esencialidad. Entre ellas se encuentran:

- El carácter sistémico entre los objetivos, contenidos, métodos, medios de enseñanza, formas organizativas y evaluación del proceso de enseñanza-aprendizaje de la Biología octavo grado. La unidad de la enseñanza y la educación en el proceso de estudio de la Biología.
- La relación dialéctica entre los principios didácticos de la enseñanza de la Biología, entre los que se consideran esencialmente: la secuencia de la asimilación del material de estudio basado en la de sistematización y accesibilidad, la unidad del carácter científico y la asequibilidad, la enseñanza y la vinculación de educación con la vida, el medio y la sociedad.
- El carácter intencionado de la sistematización de los contenidos de biodiversidad faunística hacia el cumplimiento de los objetivos formativos generales del nivel educativo secundaria básica, de la asignatura y del grado.

Valoración cualitativa de los resultados con la aplicación del método evaluación por criterio de expertos

Una vez descritas las relaciones sistémicas que se establecen entre los subsistemas y componentes estructurales del modelo este fue sometido a la evaluación por un grupo de especialistas a partir de las etapas establecidas. De esta forma, el objetivo principal estuvo en conocer el grado de aceptación de los aportes teóricos realizados por los expertos seleccionados, así como constatar la factibilidad y pertinencia del modelo diseñado e inferir juicios y arribar a conclusiones para su perfeccionamiento.

Primeramente, se seleccionaron un grupo de expertos donde se consideraron los juicios de valor para obtener un consenso de criterios informados. En este sentido, se identificó una población de 35 posibles expertos seleccionados a partir de la actividad profesional e investigativa que desarrollan, así como por el conocimiento que poseen de la temática objeto de estudio. Así, para la selección de los expertos se tuvieron en cuenta las siguientes condiciones: ser Licenciados en Educación en la especialidad de Biología, ser doctor o máster con tesis en el área de la Biología o su enseñanza, tener categoría docente de profesor y/o investigador titular o auxiliar en las ramas de la biología o su enseñanza, acumular más de 15 años de experiencia docente o investigativa en las ramas precisadas con anterioridad, tener experiencia acumulada en el tratamiento de los contenidos de biodiversidad faunística en el nivel educativo secundaria básica.

Para el procesamieto de los resultados de la encuesta aplicada a los expertos seleccionados, se utilizó el procedimiento del cálculo de la media aritmética del coeficiente de conocimiento o información del experto (Kc) y el coeficiente de argumentación o fundamentación (Ka), a partir de la suma de ambos y su división por dos [K= (Kc + Ka)/2]. De esta forma, se seleccionaron como expertos aquellos cuyo índice de competencia oscila entre $0.6 \leq K \leq 1$. Como resultado del procesamiento estadístico de los datos se determinó que el promedio del coeficiente de competencia de los expertos es de 0,91; por lo que pueden ser consultados para emitir juicios valorativos sobre el proceso modelado. La muestra definitiva quedó conformada por los 30 expertos, atendiendo a su coeficiente de competencia de Kendall (k) evaluado de alto. La experiencia profesional promedio de los expertos seleccionados resultó ser de 23 años.

Por otra parte, en esta etapa, se determinó el cálculo del coeficiente de concordancia de Kendall (W) y su significación estadística, a partir del empleo de técnicas paramétricas y no paramétricas. Para ello se utilizó el paquete estadístico SPSS (StatisticalPackagefor Social Sciences), en su versión 22.0 para Windows. Se aplicó la prueba no paramétrica para K muestras relacionadas en la que se valora los juicios emitidos por los expertos.

En este caso, al ser consultados 30 expertos, se introduce un error de estimación de 1 %, por lo cual puede afirmarse que las decisiones tomadas, a partir de los cálculos realizados, fueron altamente confiable y válida. Al obtenerse un coeficiente de concordancia con valor de W=0,746 y al tener en cuenta que la probabilidad asociada p =0, por lo que $p<0{,}01$, puede concluirse con un 99% de confiabilidad y confianza que existe concordancia entre los criterios emitidos por los expertos.

La aplicación de la metodología de preferencia se inicia con la elaboración del cuestionario de la encuesta para realizar la evaluación por los expertos del modelo didáctico propuesto. Para ello, en primer lugar, se le envía individualmente a cada experto y de forma anónima una copia del modelo, a través del correo electrónico, con la finalidad de someter a su consideración los indicadores claves establecidos para obtener sus criterios valorativos. De esta forma, a cada experto se le solicitó una valoración de los aspectos sometidos a su consideración, a partir de una escala de cinco categorías: muy adecuado, adecuado, bastante adecuado, poco adecuado y no adecuado.

Una vez finalizada la aplicación de la encuesta se procedió a evaluar de forma individual cada uno de los aspectos apuntados en el cuestionario, para lo cual se solicitó que cada experto emitiera, a partir de categorizar los indicadores a evaluar establecidos por el autor, sus opiniones, criterios, logros e insuficiencias presentes en el modelo diseñado, tanto en su concepción teórica como práctica. En esta dirección, se realizaron tres rondas de consultas con los expertos para valorar los resultados obtenidos como retroalimentación de la propuesta.

Los indicadores sometidos al juicio de los expertos para validar la efectividad del modelo propuesto fueron los siguientes: Fundamentación teórica del modelo y su naturaleza didáctica; pertinencia y funcionabilidad formativa del modelo; actualidad y novedad de la propuesta; vinculación de los contenidos tratados en el modelo respecto a los objetivos formativos del nivel educativo, el grado y la asignatura; impacto de la propuesta en el aprendizaje de los/as estudiantes y los modos de actuación en el entorno ambiental.

Una vez constatados los criterios, recomendaciones, señalamientos y sugerencias ofrecidas por los expertos respecto al modelo didáctico presentado como parte de la primera ronda de consulta, este fue rediseñado para presentarlo a una segunda ronda de consulta, que expresaba la valoración del modelo respecto a reconceptualizar y reestructurar algunos de los componentes del subsistema cognitivo para lograr mayor argumentación teórica y singularidad en el proceso de enseñanza-aprendizaje de la Biología octavo grado.

Finalmente, la tercera ronda de consulta se dirigió evaluar y determinar el consenso definitivo de los subsistemas y componentes del proceso modelado. De ahí que, a partir del procesamiento estadístico de las valoraciones aportadas por los expertos, se construyeron las tablas de frecuencias correspondientes y se procedió a la determinación y análisis de las frecuencias absolutas, las frecuencias absolutas acumuladas, las frecuencias relativas acumuladas, de la distribución normal inversa, los puntos de corte y el grado de consenso manifestado respecto a la valoración de cada aspecto.

De esta forma, la aplicación de la metodología permitió establecer un equilibrio entre el nivel de complejidad de aplicación, procesamiento de los datos estadísticos obtenidos, sin sacrificar la validez del juicio derivado de su aplicación, así como alcanzar una imagen integral y más amplia de la posible evolución del resultado analizado por los expertos seleccionados a partir de su calificación científico-técnica, años de experiencia y experiencia profesional.

Los resultados obtenidos con la aplicación del método evaluación por criterio de expertos, permitió valorar de forma crítica la articulación de los subsistemas y componentes del modelo didáctico diseñado, lo que denota la funcionalidad, factibilidad y pertinencia del proceso modelado en aras de contribuir a la formación de la cultura ambiental de los estudiantes. De ahí que, los elementos sometidos a consideración fueron evaluados como bastante adecuado, lo cual significa que hubo aceptación respecto al proceso modelado.

En este mismo sentido, los expertos consultados consideraron en un 99.0 % de confianza que, los subsistemas y componentes estructurales que lo conforman permiten el perfeccionamiento didáctico y metodológico de los contenidos de biodiversidad faunística en la asignatura Biología octavo grado en el nivel educativo secundaria básica en el contexto cubano, todo lo cual demuestra la calidad de la propuesta, en su concepción teórica como metodológica, al evidenciar consenso en su necesidad, utilidad y viabilidad, así como en la efectividad que pudiera presentar en la práctica. De esta forma, las sugerencias ofrecidas por los expertos no cuestionan en esencia la calidad del modelo didáctico; por el contrario, tienen valor para su perfeccionamiento continuo en el marco de la enseñanza de los contenidos de la Biología octavo grado.

En esta misma línea, existen consenso en plantear que, el modelo didáctico establece, por un lado, la estabilidad del sistema, la lógica de las relaciones funcionales de coordinación y, a su vez, una relativa independencia, pues determinan su estructura, su orden, su organización, y, por otro lado, determinan la movilidad, el funcionamiento de sus subsistemas y componentes como sistema, lo que implica cierto grado de obligatoriedad de esas relaciones de carácter causal, necesarias y estables para la formación de la cultura ambiental del educando. Aspectos coherentes con los resultados encontrados por Oliva (2019), cuando sostiene que, los modelos escolares sirven tanto al diseño del currículum, como al profesorado para tomar decisiones sobre la propia progresión, o la secuenciación de actividades de aula.

En este mismo sentido, los expertos manifestaron además consenso al platear que la propuesta didáctica es de interés para la educación en biología y las ciencias naturales de manera particular, y que esta vinculándola con la formación de la cultura ambiental permitirá un abordaje más integral de los actuales desafíos en la enseñanza de la biodiversidad como parte fundamental de las estrategias de conservación a nivel local, regional y mundial. Los resultados anteriores contrastan con los aportes obtenidos por Bermudez y Occelli (2020b), cuando sostienen que, los enfoques evolutivo y ecológico sirven de orientación a la organización del contenido biológico y que el estudio de los seres vivos se percibe como un núcleo temático a considerar ya desde los primeros niveles educativos según los criterios de García *et al.* (2021).

Del mismo modo, son concordantes también con los resultados encontrados por Castro, *et al.* (2021), cuando sostienen que la biodiversidad es un problema de conocimiento demasiado amplio e inextricable, que evidencia, justamente, la multiplicidad de formas de asumir este problema epistemológico, así como con los criterios de De La Cruz & Pérez (2020b), cuando refieren que esta forma dc concebir la biodiversidad permite evidenciar cierto nivel de profundidad en cuanto a la habilidad y capacidad de relación entre conceptos y contenidos que los estudiantes hasta este grado han manejado en su recorrido escolar.

A modo de conclusiones, el modelo, desde su naturaleza didáctica y como construcción teórica, permitió integrar los contenidos de biodiversidad faunística como un sistema, a partir de la lógica de las relaciones que se establecen entre los subsistemas cognitivo, didáctico-metodológico y axiológico-ambiental. Por tanto, de la dinámica de la interacción sistémica de los subsistemas y las relaciones de complementariedad que se establecen entre los componentes descritos, emerge como cualidad resultante totalizadora, la formación de la cultura ambiental del educando.

El significado y las aplicaciones didácticas se evidencian en que el docente de biología del nivel educativo secundaria básica cuanta con un instrumento metodológico necesario que sirve de orientación a la organización de los contenidos de biodiversidad faunística en la asignatura biología octavo grado, de manera que le permita lograr en los/as estudiantes, mayor apropiación de nuevos aprendizajes significativos, el desarrollo de habilidades, hábitos, valores, capacidades y la transformación de sus modos de actuación en el entorno educativo y comunitario, así como el reconocimiento y la búsqueda de soluciones a los problemas ambientales presentes en los diversos contextos de actuación.

Bibliografía

Ayerbe López, J. y Perales Palacios, F. J. (2020). «Reinventa tu ciudad»: aprendizaje basado en proyectos para la mejora de la conciencia ambiental en estudiantes de Secundaria. *Enseñanza de las Ciencias,* 38(2), 181-203.204 Obtenido de: https://doi.org/10.5565/rev/ensciencias.2812

Bermudez G.M.A. y Occelli M. (2020). Enfoques para la enseñanza de la Biología: una mirada para los contenidos. *Didáctica de las Ciencias Experimentales y Sociales* 39, 135-148. Obtenido de: http://doi.org/10.7203/DCES.39.16854

Castro, J., Valbuena, E., Escobar, G., Roa, R. y López, L. (2021). Multidimensionalidad de la biodiversidad. Aportes a la formación inicial de profesores de biología en Colombia. *Tecné, pisteme y Didaxis: TED*, (50), 131 - 148. Obtenido de: https://doi.org/10.17227/ted.num50-11978

Castro, J. y Valbuena, E. (2007). ¿Qué biología enseñar y cómo hacerlo? Hacia una resignificación de la biología escolar. *Revista TEA*, (22), 126-145.

Couso, D. (2020). Aprender ciencia involucra aprender ideas potentes de la ciencia: la modelización ayuda a la explicación- predicción de fenómenos. En Couso, D., Jiménez Liso, M.R., Refojo, C., y Sacristán, J.A. (Coords) (2020), *Enseñando Ciencia con Ciencia.* FECYT y Fundacion Lilly. Madrid: PenguinRandomHouse.

De La Cruz, L. y Pérez, N. (2020). El saber escolar en biodiversidad en clave para resignificar su enseñanza. *Praxis y Saber,* 11(27), e 11167. https://doi.org/10.19053/22160159.v12.n28.2021.11167

García, J. y Martínez, F. (2010). Cómo y qué enseñar de la biodiversidad en la alfabetización científica. *Enseñanza de las ciencias,* 28(2), 175-184. Obtenido de: https://www.raco.cat/index.php /Ensenanza/article/view/199611/353385

García, O. (2022). Aportaciones de la excursión docente en la Biología octavo grado a la educación para la Conservación de la Biodiversidad. *RAC: revista angolana de ciências.* 4(1), e040104. https://doi.org/10.54580/R0401.04

García, O., Sánchez, M. y García, R. (2020). Aporte de un procedimiento didáctico para mejorar el conocimiento de la biodiversidad en Secundaria básica. *Bio-grafía. Escritos sobre la Biología y su enseñanza, 13*(25). https://doi.org/10.17227/bio-grafia.vol.13.num25-11575

García, O. y Méndez. (2017). Hacia una resignificación de la enseñanza del contenido del concepto de biodiversidad en biología *Roca. Revista científico-educacional de la provincia Granma*, 13(1), 158-170.

García, O. (2013). *Metodología orientada al tratamiento del contenido de biodiversidad en la enseñanza de la biología en Secundaria básica* (Tesis doctoral). Universidad de Ciencias Pedagógicas Blas Roca Calderío, Granma, Cuba.

García-Barros S., Fuentes Silveira M. J., Rivadulla-López J. C. y Vázquez-Ben L. (2021). La adaptación de los animales al medio. Qué aspectos consideran los estudiantes de Primaria y Secundaria. *Revista Eureka sobre Enseñanza y Divulgación de las Ciencias 18*(3), 3106. doi: 10.25267/Rev_Eureka_ensen_divulg_cienc.2021.v18.i3.3106

García-Rodeja Gayoso, I., Silva García, E. T. y Sesto Varela, V. (2020). Competencia de estudiantes de secundaria para aplicar ideas sobre el funcionamiento de los ecosistemas. *Enseñanza de las Ciencias,* 38(1), 67-85.86.https://doi.org/10.5565/rev/ensciencias.2733

Oliva J.M. (2019). Distintas acepciones para la idea de modelización en la enseñanza de las ciencias. *Enseñanza de las Ciencias* 39 (2), 6-24. https://doi.org/10.5565/rev/ensciencias.2648

Reguant-Álvarez, M., & Torrado-Fonseca, M. (2016). El método Delphi. *REIRE, Revista d' Innovació i Recerca en Educació, 9* (1), 87-102. DOI: 10.1344/reire2016.9.1916

Taylor, S. J. y Bodgan, R. (1998). *Introduction to qualitative research methods: A guidebook and resource.* Nueva York: John Wiley & Sons, Inc.

Vigotsky, L. (1987). *Historia del Desarrollo de las Funciones Psíquicas Superiores.* La Habana: Editorial Científico-Técnica.

CUARTA PARTE

EDUCAR PARA CONSERVAR: EXPERIENCIAS EN LA INVESTIGACIÓN SOCIOAMBIENTAL DESDE LAS ÁREAS PROTEGIDAS

Aporte de un procedimiento didáctico para mejorar el conocimiento de la biodiversidad en secundaria[6]

Introducción

El reto de explorar las potencialidades de la biodiversidad y su relación con la enseñanza de la biología en un espacio en interacción directa con la variabilidad de lo vivo constituye un insumo para la construcción del conocimiento y una mirada posible desde la pedagogía y el saber pedagógico (Herrera, 2020). De ahí la necesidad de lograr que la biología deje de ser únicamente para aprender sobre la vida, y llegue a ser una ciencia que enseñe a vivir y actuar para la sostenibilidad de la vida. De esta manera, el profesor de biología sería un mediador entre, al menos, tres ámbitos: el científico, el cotidiano y el escolar (Castro y Valbuena, 2018).

Ante esta exigencia social, la escuela debe propender por garantizar la formación del sentido de pertenencia y responsabilidad del ser humano hacia y con la naturaleza y elevar la calidad del proceso de enseñanza-aprendizaje de la biología en la escuela media, para trasformar su enseñanza, en función de lograr que el alumnado interiorice con mayor profundidad el sentido de del contenido de biodiversidad. Así, la educación se convierte en una herramienta imprescindible para adquirir valores tan necesarios como el respeto hacia los seres vivos y el medio ambiente (Santos-Ellakuria, 2019).

De ahí que se han de proponer herramientas didácticas que favorezcan la superación de los docentes, para que faciliten cambios conceptuales respecto al modelo de enseñanza que practica el profesor de biología en la Escuela Secundaria Básica, cambios metodológicos en su saber hacer práctico y, en particular, lograr transformaciones en la manera de tratar el contenido de biodiversidad para perfeccionar su enseñanza y aprendizaje. De modo que "si queremos, armonizar la relación entre las personas y la biodiversidad, será necesario prestar cada vez más atención a la dimensión humana de la conservación ambiental, y así evitar convertir el patrimonio biológico en un tesoro perdido" (Álvarez, 2001, p. 9).

Por tanto, educar para la conservación exige desarrollar en el individuo conocimientos, procedimientos y valores, de modo que garanticen una actuación consecuente con respecto a las

---

[6] Publicado originalmente en Revista *Bio-grafía: Escritos sobre la biología y su enseñanza*, *13*(25), 51-61. Disponible en: https://doi.org/10.17227/bio-grafia.vol.13

diferentes formas de vida que habitan en el planeta. Esta es una razón suficiente para apoyar que "la conservación de la biodiversidad se logrará en la medida en que ésta sea conocida, valorada adecuadamente y empleada de forma racional" (Programa de las Naciones Unidas para el Medio Ambiente, 2005, p. 10).

A pesar de lo anterior, es preciso señalar que, aunque en los programas de Biología en la escuela secundaria básica se tratan los contenidos relativos a la diversidad biológica y su problemática en torno a la educación para la conservación, en la práctica aún existen evidencias de insuficiencias. Es el caso, por ejemplo, de los métodos y procedimientos metodológicos empleados por los docentes en secundaria básica, que aún son insuficientes para generar en el educando un aprendizaje contextualizado de la biodiversidad local. Así pues, se estudia la representatividad de la biodiversidad cubana, pero se limita el tratamiento de sus dimensiones motivacional, afectiva, cultural, estética y su vulnerabilidad.

Por consiguiente, persiste una limitada planificación de excursiones a la naturaleza, lo que incide en la vinculación de los estudiantes con la realidad ambiental, para potenciar el conocimiento y el respeto por la biodiversidad local, por lo cual queda incompleto su aprendizaje. Por otro lado, se constató la poca comprensión de los estudiantes sobre los bienes y servicios que ofrece la diversidad biológica. Además de lo dicho hasta ahora, hay que añadir que, en la práctica se observan comportamientos inadecuados en los estudiantes, que afectan la dinámica de los ecosistemas donde habitan las diversas formas de vida de la escuela y la comunidad donde viven y se desarrollan.

Así, llegados a este punto, vale la pena señalar que lo expuesto podría ser una muestra de algunas debilidades atribuibles al tratamiento del contenido de biodiversidad en secundaria básica. Este obedece, entre otras causas, a la limitada utilización por parte del docente de procedimientos con un enfoque investigativo que permitan una interconexión con el entorno, y a la poca planificación de excursiones a la naturaleza que motiven y acerquen al estudiante de manera directa a la realidad ambiental que lo rodea como escenario potencial de aprendizaje.

Ahora bien, con lo que hemos expresado como parte del diagnóstico inicial no queremos plantear que exista una incompetencia por parte de los profesores de biología de secundaria básica en el país. Muy por el contrario, estamos defendiendo la necesidad de perfeccionar la didáctica de la biodiversidad en este nivel para obtener mejores resultados en el aprendizaje de los estudiantes, a partir de que el docente utilice la realidad ambiental próxima que lo rodea para lograr una mayor motivación y acercamiento a la biodiversidad local.

De esta manera, el objetivo de la presente investigación es describir la construcción de un procedimiento didáctico de interconexión con el entorno ambiental, desarrollado a través de excursiones a la naturaleza en el área protegida de Punta de Hicacos, perteneciente al parque nacional Desembarco del Granma, Patrimonio de la Humanidad en la costa sur de Cuba, para la educación para la conservación de la biodiversidad.

Desarrollo

Para llevar a cabo la investigación, se emplearon métodos propios del nivel teórico del conocimiento, como el analítico-sintético, inductivo-deductivo y el enfoque de sistema. Estos métodos proporcionaron los elementos necesarios para el análisis del objeto de la investigación y la sistematización de la información sobre el tema, así como para la determinación del marco teórico referencial, la interpretación y el análisis de la información obtenida. Algunos de los métodos empíricos utilizados fueron: análisis documental, entrevista, encuestas y observación; estos permitieron conocer el estado inicial del problema.

La investigación es de carácter descriptivo-explicativo y se trabaja desde el paradigma sociocrítico que considera la unidad dialéctica de lo teórico y lo práctico, como un todo inseparable. Pretende comprender de manera más consistente la teoría y la práctica educativa, considerando al estudiante como investigador. Desde este paradigma, los problemas de investigación parten de situaciones reales y tienen por objeto de estudio transformar la práctica; su selección la realiza el propio grupo, que cuestiona la situación inicial (según complementan Gil Álvarez et ál., 2017).

Este paradigma se enmarca en la investigación-acción participativa (IAP), que constituye una opción metodológica de mucha riqueza, ya que, por una parte, permite la expansión del conocimiento, y por la otra, produce respuestas concretas a problemáticas que se plantean los investigadores y coinvestigadores cuando deciden abordar una interrogante, temática de interés o situación problemática y desean aportar alguna alternativa de cambio o transformación (Colmenares, 2011).

Se contó con una muestra de 34 estudiantes de séptimo y octavo grado de la secundaria básica urbana Juan Vitalio Acuña Núñez del municipio de Pilón, en la provincia de Granma, con aptitudes distintas. Se destacan en ellos talentos para el dibujo, la expresión corporal, la narrativa, la oralidad y una actitud en general curiosa, proactiva y propositiva. La muestra la componen 16 mujeres y 18 hombres, con edades comprendidas entre los 12 y 15 años de edad.

La experiencia se desarrolla en la costa sur de Cuba, específicamente en el área protegida Punta de Hicacos, perteneciente al parque nacional Desembarco del Granma, donde predomina una vegetación de costa arenosa y amplia biodiversidad. Se seleccionó este escenario por encontrarse cerca de la escuela y los barrios aledaños donde viven los estudiantes de la muestra, así como por la riqueza de paisajes naturales muy variados, donde se puede disfrutar también de la presencia de muchas especies de la fauna cubana, aunque no todas son fácilmente visibles, como el manatí, el tocororo, la pedorrera o cartacuba y el carpintero churroso, entre otras.

Se establecen tres dimensiones: cognitiva, procedimental y conductual, con sus respectivos indicadores. Estas fueron conformadas después de contrastar aspectos conceptuales y características de la actividad (cognoscitiva, práctica, valorativa y comunicativa) del estudiante respecto a la biodiversidad para evaluar las trasformaciones alcanzadas.

Dimensión cognitiva

Se tuvieron en cuenta los siguientes indicadores:

- Conocimiento de los problemas ambientales a nivel global, provincial y local.
- Conocimiento del concepto de biodiversidad y conservación.
- Conocimiento de la cultura popular comunitaria y de los saberes tradicionales.
- Conocimiento de los bienes y servicios que ofrece la biodiversidad.
- Conocimiento de las cusas de la pérdida de la biodiversidad y sus consecuencias.
- Conocimiento de las medidas para minimizar las afectaciones.

Dimensión procedimental

Se tuvieron en cuenta los siguientes indicadores:

- Desarrollo de las habilidades de investigación práctica.
- Habilidades para la interpretación crítica y la toma de decisiones ante los problemas ambientales.
- Habilidades para la búsqueda y el procesamiento de la información con el empleo de las nuevas tecnologías de la información y las comunicaciones.

Dimensión conductual

Se tuvieron en cuenta los siguientes indicadores:

- Relaciones armónicas con las diferentes formas de vida.
- Responsabilidad, asunción de actitudes y toma de decisiones, espíritu crítico y autocrítico ante comportamientos inadecuados con las diferentes formas de vida en el entorno escolar y comunitario.
- Manifestaciones de sentimientos de amor por la biodiversidad cubana, respeto, motivación, sensibilidad e implicación como actores proactivos.

Métodos de enseñanza en la biología y procedimientos

Para explicar los contenidos biológicos en secundaria básica, métodos como la observación y la experimentación deben estar presentes en cualquier clasificación que se adopte. Sin embargo, en un proceso de enseñanza-aprendizaje orientado a ofrecer tratamiento a contenidos de biodiversidad, son los métodos problémicos los que tienen su espacio por excelencia, ya que su esencia se corresponde con las contradicciones propias del contenido que se analiza.

Dentro de los métodos problémicos están: la exposición problémica, la búsqueda parcial, la conversación heurística y el método investigativo, que posibilitan la función protagónica del estudiante en el proceso de enseñanza-aprendizaje. La esencia del método investigativo radica en que los alumnos, guiados por el docente, se introducen en el proceso de búsqueda de solución a problemas nuevos para ellos, a fin de adquirir la nueva experiencia de la actividad creadora. En otras palabras, un mismo método puede integrar variados procedimientos en correspondencia con las características en que este se desarrolla.

De acuerdo con Silvestre (2003), los procedimientos son:

> [...] complemento de los métodos de enseñanza, constituyen herramientas que le permiten al docente orientar y dirigir la actividad del escolar en colectividad de modo que la influencia de otros propicie el desarrollo individual estimulando el pensamiento lógico, el pensamiento teórico y la independencia cognoscitiva motivándolos a pensar en un clima favorable de aprendizaje. (p. 26)

En este sentido, Labarrere y Valdivia agregan que estos "constituyen un detalle del método, es decir, es una operación particular, práctica o intelectual de la actividad del profesor o de los estudiantes, la cual complementa la forma como los estudiantes asimilan los conocimientos que presupone determinado método" (1989, p. 48).

En ese orden de ideas, y de acuerdo con Novo (1998), desde lo ambiental los procedimientos pueden definirse como: "un conjunto de acciones ordenadas, orientadas a la consecución de una meta". Ricardo (2007) plantea que esta meta o finalidad debe ser el resultado de un vínculo entre la necesaria capacitación de los educandos y las necesidades del entorno; se trataría de definir procedimientos que permitiesen al que aprende hacerlo "en", "desde" y "para" el medio ambiente.

La utilización de los procedimientos debe atender tanto a lo externo como a lo interno del proceso de enseñan- zaaprendizaje, de modo que, en correspondencia con la orientación, la ejecución y el control de la actividad de aprendizaje de los estudiantes se propicie la activación de los procesos psíquicos en las esferas cognitiva, afectiva y volitiva y que impliquen el análisis, la valoración, la generalización y que tengan en cuenta los momentos de la dirección de la actividad cognoscitiva, la motivación, la orientación, la ejecución y el control, así como los niveles de asimilación en correspondencia con las particularidades del contenido y el grupo docente.

De ahí que, entre los procedimientos metodológicos en el proceso de enseñanza-aprendizaje de la biología en secundaria básica se encuentran: 1) los lógicos, que atienden la actividad intelectual cognoscitiva y la creatividad de los alumnos; 2) los técnicos, asociados a aquellos métodos que requieren la utilización de medios de enseñanza; y 3) los organizativos, que permiten organizar la actividad cognoscitiva de los alumnos (Salcedo et al., 2002).

No obstante, para estimular las potencialidades de los educandos, en las dimensiones cognoscitiva, motivacional, metacognitiva, afectiva y axiológica se necesita incorporar al proceso docente-educativo de la biología un nuevo procedimiento que favorezca a la educación para

la conservación de la biodiversidad. En este sentido, el aprendizaje cobra sentido en la medida en que, al construir su propio conocimiento, el aprendiz realiza procesos mentales que le permiten estar consciente de lo que aprende, cómo lo aprende y el fin para qué lo aprende, a la vez que se compromete con la autorregulación de su actividad de aprendizaje (Torrano et ál., 2017).

En concordancia y de forma más específica en la presente investigación, se define el procedimiento didáctico de interconexión con el entorno ambiental como:

[...] la vía para estimular el acercamiento y el reconocimiento de la biodiversidad del entorno ambiental, considerando los saberes entre la ciencia y el saber local para lograr la educación en la conservación, uso y manejo sostenible, así como el desarrollo de conocimientos, convicciones, valores, habilidades y la formación de actitudes que les permitan a los sujetos implicarse, de forma activa, protagonista y transformadora en el medio ambiente. (García, 2013, p. 73)

El procedimiento está estructurado en cuatro fases: observación, explicación, interpretación y comprensión. Cada una de ellas está representada por acciones invariantes que no constituyen un esquema rígido que los docentes deben seguir a la hora de planificar actividades de educación ambiental fuera del aula, ya que aunque son la guía general de acciones que deben realizar los estudiantes, se necesita el acompañamiento del docente como tutor durante la implementación de las sesiones de trabajo, para que las adapte a las características psicológicas y sociales de cada grupo de estudiantes, atendiendo a las tradiciones culturales de la comunidad donde viven y se desenvuelven, sus rasgos espirituales y afectivos, así como sus modos de vida, creencias, mitos, ideas, reglas, normas y sistemas de valores.

El objetivo general del procedimiento propuesto es familiarizar al estudiante con la biodiversidad de su entorno ambiental próximo, con el cual interactúa y desde donde recibe las múltiples influencias que contribuyen a la adquisición de conocimientos y valores, así como al desarrollo de hábitos, habilidades, capacidades y actitudes en estrecho vínculo con la realidad ambiental donde vive y desarrolla.

Para la puesta en práctica del procedimiento, el docente debe ser consecuente con las formas organizativas de la enseñanza de la biología, fundamentalmente la clase de biología y la excursión docente biológica en su variante de excursión a la naturaleza o práctica de campo. Esta última forma de organización del proceso de enseñanza-aprendizaje de la biología posee un gran valor pedagógico, pues permite que el estudiante vincule la escuela con la vida, la teoría con la práctica y que asimile los conocimientos mediante la observación de los objetos y fenómenos en su propia realidad ambiental próxima. De igual manera, los prepara para la orientación en el terreno y para observar, diferenciar, establecer relaciones entre los fenómenos que acontecen en la naturaleza, localizar los organismos, desarrollar habilidades para el trabajo práctico y hábitos elementales de investigación en la naturaleza y contribuir a la formación de la concepción científica del mundo. Así, renuevan los modos para el acercamiento, el reconocimiento y la conceptualización de la biodiversidad (Trujillo y Valbuena, 2015).

En la figura 1 se muestra el procedimiento diseñado y las fases que lo dinamizan.

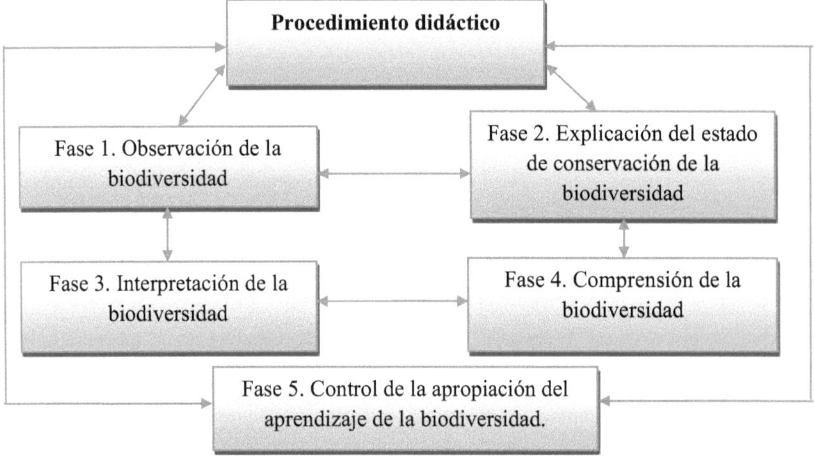

Fuente: elaboración propia.

En el desarrollo de la excursión, el docente de biología no se asume como el actor principal que aporta de manera unilateral información al recorrido, sino que es un actor que aprende y enseña la biodiversidad de la realidad ambiental junto con estudiantes participantes. De esta forma, para la puesta en práctica de estas actividades sugerimos que el docente planifique los horarios de salida y de regreso, los puntos de interés didácticos dentro del itinerario o marcha-ruta, la selección y organización de los objetivos del grado y asignatura por tratar de la o las unidades didácticas del programa de Biología, los métodos de enseñanza, el procedimiento didáctico diseñado y las actividades que realizarán los estudiantes.

Esto presupone además de una correcta planificación de las medidas organizativas y de seguridad de los participantes, el tiempo de duración de la actividad, el tipo de vestuario, la organización de los equipos y los materiales por emplear (lápices, libretas, cámaras fotográficas, mapas, teléfono móvil, cuchillas, lupas, bolsas de nailon, recipientes, etc.)

Una vez explicada la intención investigativa y las posibilidades que brinda la metodología para la excursión, en la tabla 1 se describen las fases del procedimiento diseñado y sus acciones invariantes, donde el estudiante al implicarse de manera activa y protagónica contribuye al mejoramiento de su propio aprendizaje.

Tabla 1. Procedimiento didáctico y sus acciones invariantes

Fases del procedimiento	**Acciones invariantes**
Observación de la biodiversidad	• Identificar el objeto de observación y sus particularidades. • Localizar en el mapa el área desde el punto de vista físico y geográfico. • Observar los principales tipos de paisajes; suelo; clima; temperatura; insolación; humedad relativa; evaporación; vientos; especies endémicas, exóticas, amenazadas, introducidas, residentes o migratorias; actividad diaria; vegetación; sustrato; estrato; refugios; sitios de descanso; reproducción y distribución de las especies en los ecosistemas marinos y costeros. • Describir oral y gráficamente las características del objeto de observación y distinguir los rasgos esenciales que lo tipifican. • Comunicar de forma oral y escrita sus juicios conclusivos.
	• Reflexionar acerca de las relaciones causales y valorar la situación que posee el área seleccionada (afectada, medianamente afectada y fuertemente

	afectada).
Explicación del estado de conservación de la biodiversidad	• Determinar los criterios sobre las causas y efectos de los cambios en la biodiversidad y la clasificación del tipo de problema ambiental que se presenta el área de estudio. • Ordenar los juicios de partida y razonamientos al resto del grupo para despertar la motivación y la necesidad de la conservación, uso y manejo sostenible de la biodiversidad. • Relacionar las interacciones entre los organismos y entre los ecosistemas del área de estudio ordenando lógicamente las interrelaciones encontradas. • Comunicar de forma escrita y oral los juicios conclusivos.
Interpretación de la biodiversidad	• Identificar conceptos básicos, como biodiversidad y conservación. • Interacción directa docente-estudiantes para explorar sus potencialidades para enfrentarse a los diferentes • problemas por solucionar. • Relacionar la representatividad de la biodiversidad. • Sacar conclusiones acerca de los elementos, relaciones y razonamientos que aparecen en el objeto o

	• información por interpretar. • Comunicar de forma oral y escrita sus juicios conclusivos.
Comprensión de la biodiversidad	• Comprender la importancia de la cultura popular (costumbres, religiosidad y tradiciones, mitos, historias de vida, leyendas). • Identificar los principales problemas ambientales y sus causas. • Comparar con experiencias, vivencias y conocimientos anteriores. • Valorar la representatividad de la diversidad biológica existente y sus principales amenazas. • Relacionar los valores naturales, histórico-culturales y socioeconómicos de las áreas de estudio. • Valorar las causas y consecuencias de la pérdida de la biodiversidad. • Comunicar de forma oral y escrita sus juicios conclusivos.
Control de la apropiación del aprendizaje de la biodiversidad	• Determinación de los objetos de evaluación (¿qué evaluar?) • El dominio de los conocimientos sobre biodiversidad de la realidad ambiental próxima y su estado de

	conservación, así como el desarrollo de las habilidades para identificar, caracterizar y resolver problemas sobre las afectaciones a la biodiversidad. • Comprobar las valoraciones para promover acciones que garanticen la protección y conservación de la biodiversidad. • Establecer indicadores para medir el aprendizaje en la solución del problema, como la motivación, el tiempo, la independencia y la creatividad. • Evaluar las transformaciones en los modos de actuación. • Proyectar la retroalimentación a partir de las dificultades. • Elaborar preguntas escritas y orales que estimulen la búsqueda de la solución (para evaluar el lenguaje escrito y oral) y determinar las tareas docentes que tiene que resolver (lenguaje escrito). • Elaborar y discutir informes y/o ponencias (lenguaje escrito). • Preparar la defensa de informes y/o ponencias por medio de dibujos y/o textos (lenguaje escrito y oral). • Presentar y divulgar en los medios

	de comunicación, obras artísticas dibujos y/o textos relacionadas con la biodiversidad del territorio. • Evaluar el impacto de las acciones de divulgación y conservación.

A continuación, se presentan los aspectos generales encontrados a partir del análisis de las fases del procedimiento. Con la ayuda de los miembros del grupo se reconstruyó la experiencia vivida, su proceso interno, el contexto, para luego proyectarse y aportar a la descripción de diversos elementos que confluyen en la enseñanza aprendizaje de la biodiversidad. La aplicación de esta propuesta permitió examinar comparativamente la complejidad estructural de los argumentos formulados antes y después de la intervención didáctica.

De esta manera, los estudiantes, valiéndose del trabajo cooperativo, son los responsables de redactar un informe al final de la actividad y, por tanto, de fijar los objetivos de su propio aprendizaje (Santos-Ellakuria, 2019). El profesor, en función del escenario provisto, establece el cronograma de trabajo y la fecha de entrega (que será al finalizar la excursión), y funge como guía en el aprendizaje personal, pero la carga de solucionar el problema recae exclusivamente en los estudiantes. El docente sugiere a los participantes recurrir a las experiencias vividas durante el recorrido para redactar la evaluación. La extensión del trabajo será de no más de tres páginas (incluidas las fotografías) y deberá entregarse en formato impreso.

Presentados los elementos anteriores, se muestran los resultados puntuales por fases.

Primera fase: Observación de la biodiversidad

En esta fase, los estudiantes implicados desarrollaron las habilidades de observación de los diversos ecosistemas del área seleccionada, incluyendo los marinos, como los arrecifes coralinos y los pastos marinos (estos últimos conocidos en Cuba como seibadales), los fondos arenosos (que incluyen las playas), los fondos fangosos y los fondos rocosos de macrolaguna y las lagunas costeras. Especial significación para los participantes tuvo el ecosistema de manglar, por su abundancia en biodiversidad y el papel que desempeña en la protección de la zona costera.

Se observaron, además, los tipos de plantas y aves representativas del área de estudio clasificándolas a partir del tipo de alimentación: granívora, insectívora, carnívora y frugívora, así como el tipo de suelo, vegetación donde habitan y sus principales amenazas. En consecuencia, durante el recorrido los participantes anotaron lo observado y definieron la representatividad de la biodiversidad del área como autóctona, endémica, introducida, exótica invasora, migratoria, cultivada, etc.), así como la categoría de conservación.

Segunda fase: Explicación del estado de conservación de la biodiversidad

Como resultados del diagnóstico aplicado a los estudiantes implicados en la muestra se constató que estos explicaban la importancia de las plantas y animales solo desde su significación para la naturaleza, la medicina, la alimentación, la economía y la industria. A partir de la utilización del procedimiento se revierte esta limitación al explicar el vínculo de la biodiversidad con otros servicios ecosistémicos que ella ofrece, como los servicios culturales (valores espirituales y religiosos, educativos, estéticos, recreativos, simbólicos, cognitivos, históricos y en la vida afectiva del ser humano, entre otros).

Tercera fase: Interpretación de la biodiversidad

Al abordar la definición de la biodiversidad los estudiantes solo hacían referencias a la diversidad de animales y plantas existentes en los ecosistemas. Una vez empleado el procedimiento en la práctica se aprecia cómo interpretan el significado de la biodiversidad y que esta rebasa los planteamientos manifestados inicialmente; reconocen que representa la vida en todas sus manifestaciones, expresada en genes, especies (incluyendo la humana y su diversidad cultural).

Se logran avances en la identificación de las amenazas de la biodiversidad en el área seleccionada y la representatividad de las especies autóctonas y endémicas, se realizan actividades de educación ambiental, como la recogida de plásticos en la zona costera y charlas educativas ambientales.

Cuarta fase: Comprensión de la biodiversidad

Los estudiantes logran comprender la integridad de los problemas ambientales a nivel global, nacional y local, así como la naturaleza compleja de la biodiversidad, resultante de la interacción de sus aspectos biológicos, físicos, históricos, sociales y culturales. A esto se suma la comprensión de las potencialidades de la diversidad biológica del contexto local, sus realidades, su riqueza natural y su estado de conservación, lo que se traduce en la valoración de su contexto, no solo por lo que brinda, sino por lo que es y los significados que encierra para su tradición, cultura, rasgos espirituales, creencias, mitos, ideas, reglas, normas y sistemas de valores, el reconocimiento de lo patrimonial y su entramado social. Esto permite establecer un diálogo de saberes entre la ciencia y el saber local.

Quinta fase: Control de la apropiación del aprendizaje de la biodiversidad

En la evaluación del aprendizaje se logró que esta tuviera un carácter procesal y que combinara lo cualitativo y lo cuantitativo y se practicara mediante la coevaluación, la heteroevaluación y la autoevaluación metacognitiva, para lograr que el estudiante asuma la responsabilidad sobre su propio aprendizaje, reflexionando acerca de su implicación en el trabajo grupal y los resultados obtenidos durante las salidas a la naturaleza y con ello, establecer la relación entre las ideas previas y los nuevos conceptos biológicos, como los de biodiversidad y educación para la conservación. Se evidenció el desarrollo de un saber conceptual, que ha progresado, ha sido pertinente y ha tenido un significado personal para el estudiante.

Se logró además, estimular la curiosidad, la motivación y el mayor acercamiento del estudiante a la biodiversidad de la realidad ambiental próxima a través de las excursiones a la naturaleza, propiciar la independencia cognoscitiva y el rol protagónico del estudiante en el proceso de estudio a través de una experiencia de aprendizaje fuera del aula, potenciar el grado de concienciación respecto al perjuicio socioambiental que supone la pérdida de la biodiversidad y contribuir al conocimiento de la biodiversidad autóctona y endémica del territorio y la transformación de los modos de actuación y respeto a las diferentes formas de vida. De esta manera, los resultados de la experiencia vivida por los estudiantes implicados fueron divulgados en los medios de comunicación, matutinos, concursos de conocimientos de la escuela, jornadas científicas, obras de teatro, entre otras iniciativas.

de manera general, la concepción del procedimiento didáctico está dirigida, entre otros aspectos, a desarrollar y favorecer una actitud de curiosidad e investigación, propiciar la comprensión de la biodiversidad y de su lugar en la naturaleza, así como de la unidad y la diversidad de los seres vivos, promover respeto y sentimiento hacia todas las formas de vida que habitan en el entorno ambiental, enseñar el arte de participar en investigaciones científicas, formular preguntas, diseñar experimentos y desarrollar el método investigativo de la enseñanza problémica en la actividad práctica.

La propuesta constituye una alternativa viable que garantiza perfeccionar la preparación metodológica de los profesores de biología de la escuela media para elevar la calidad de la dirección del proceso de enseñanza-aprendizaje de la biología en función de lograr la actualización científica del estudiante y un adecuado tratamiento del contenido de biodiversidad desde un enfoque holístico, interdisciplinar, ecológico, integrador, sistémico, bioético, ecosistémico, evolutivo, ético y socioeconómico, que favorezca en el estudiante la educación para la conservación y el uso sostenible de la biodiversidad.

De esta manera, el procedimiento resulta pertinente y efectivo para mejorar el aprendizaje de la biodiversidad fuera del aula y se validan satisfactoriamente por la muestra a partir de los instrumentos utilizados (mediante la observación, encuestas y entrevistas). Se logran, además, altos niveles de motivación y transformación de los conocimientos, los sentimientos, las actitudes y las convicciones con relación a la biodiversidad del medio natural próximo y la problemática en torno a la educación para la conservación, así como el fortalecimiento de los valores identitarios del patrimonio histórico-natural local con el que interactúan. Esto corrobora la factibilidad de la propuesta.

La excursión a la naturaleza como una forma de organización del proceso de enseñanza-aprendizaje de la biología, que se realiza fuera del aula con objetivos docentes bien definidos, se concibe como un ejercicio de reflexión en constante construcción, y el espacio educativo y pedagógico que es capaz de transformar y redescubrir realidades cercanas y establecer alianzas entre los estudiantes y los espacios naturales o creados artificialmente por el hombre, para potenciar la formación de valores y la adquisición de conocimientos de los procesos geográficos, fenómenos, hechos y objetos de su realidad ambiental próxima. Mediante ella se establece la interacción constante con los seres vivos; además, se crean las condiciones favorables para la formación en el estudiante de la cultura ambiental, elevar las cualidades de la personalidad como el trabajo en equipo, la solidaridad, la organización de la actividad práctica y la responsabilidad ante el medio ambiente.

Bibliografía

Álvarez, A. (2001). De la herencia cotidiana al tesoro perdido: nuevos desafíos de la educación ambiental para la conservación de la biodiversidad. *Interciencia Venezuela, 26*(10), 429-433. http://www.scielo.org.ve/

Bosque, R. (2002). La excursión docente en la Educación Primaria: una propuesta para el perfeccionamiento de su realización [tesis de doctorado]. Universidad de Ciencias Pedagógicas, ispejv, La Habana.

Castro, A. y Valbuena, É. (2018). Algunas relaciones entre la autonomía de la biología y la emergencia de su didáctica: consideraciones sobre la complejidad de enseñar una ciencia compleja. *Ciênc. Educ. Bauru* *24*(2), 267-282. https://doi.rg/10.1590/1516-731320180020002

Colmenares, A. (2011). Investigación-acción participativa: una metodología integradora del conocimiento y la acción. Revista Latinoamericana de Educación, 3(1), 102-115. https://revistas. uniandes.edu.co/doi/pdf/10.18175/vys3.1.2012.07

García, O. (2013). Metodología orientada al tratamiento del contenido de biodiversidad en la enseñanza de la biología en Secundaria Básica [tesis de doctorado]. Universidad de Ciencias Pedagógicas Blas Roca Calderío, Granma, Cuba.

Gil Álvarez, J. L., León González, J. L. y Morales Cruz, M. (2017). Los paradigmas de investigación educativa, desde una perspectiva crítica. *Conrado, 13*(58), 72-74. https://conrado.ucf.edu.cu/index.php/conrado/article/view/476

Herrera, M. (2020). Saberes acerca de la biodiversidad en un escenario de educación no convencional. *Bio-grafía, 11*(22), 121-132. https://revistas.pedagogica.edu.co/index.php/bio-grafia/article/view/11593

Labarrere, G. y Valdivia, G. (1989). *Pedagogía.* Pueblo y Educación.

Novo, M. (1998). *La educación ambiental: bases éticas, conceptuales y metodológicas.* Universitas.

Programa de las Naciones Unidas para el Medio Ambiente- PNUMA. (2005). *Manual de ciudadanía ambiental global: Diversidad biológica.*

Ricardo, D. (2007). Procedimiento metodológico para desarrollar la sensibilidad estética ambiental en la Secundaria Básica [tesis de doctorado inédita]. Instituto Superior Pedagógico José Martí.

Salcedo, I., Hernández, J., del Llano, M., McPherson, M. y Daudinot, I. (2002). *Didáctica de la biología* (2.a ed.). Pueblo y Educación.

Santos-Ellakuria, I. (2019). Propuesta para mejorar la didáctica de la biodiversidad en la asignatura de Biología y Geología de 4.º de esO . *Ikastorratza. e-Revista de Didáctica, 22*, 90-121. http://www.ehu.es/ikastorratza/22_alea/6.pdf scielo.org.mx/scielo.php?script=sci_arttext&pid=S0185-26982017000200160

Silvestre, M. (2003). *Aprendizaje, educación y desarrollo*. Pueblo y Educación.

Torrano, F.; Fuentes, J. L. y Soria, M. (2017). Aprendizaje autorregulado: estado de la cuestión y retos psicopedagógicos. *Perfiles Educativos, 39*(156), 160-173. http://www

Trujillo, L. y Valbuena, É. (2015). ¿Educación no convencional, no formal o informal? Emergencia en el marco de investigación con tres licenciados en biología. *Biografía* (edición extraordinaria), 1-11.

Contribuciones de la excursión docente en la Biología octavo grado a la educación para la Conservación de la Biodiversidad[7]

Introducción

En Cuba, en el nivel educativo de Secundaria Básica, como nivel básicamente de sistematización de los contenidos esenciales ya estudiados en la educación primaria, dentro su marco curricular se incluye la asignatura Biología octavo grado. En ella, sus contenidos se encuentran organizados a partir del reino animal, con un enfoque explicativo integrador, evolutivo, ecosistémico y bioético orientado al desarrollo sostenible.

Así, el estudio de los contenidos, comienza con una unidad generalizadora que trata las características comunes a los organismos en interacción entre sí y con su medio; los diferentes grupos de animales se estudian en orden evolutivo, agrupados en los animales de organización más simple (poríferos), luego los animales de simetría radial (celenterados), seguidamente los de simetría bilateral no celomados, los bilaterales celomados no cordados y, por último, los celomados cordados, los cuales se agrupan en dos series: peces y tetrápodos. Así, se enfatiza en la unidad y diversidad de cada uno de estos grupos de organismos, y se familiarizan a los/as estudiantes con las relaciones estructura - función, evidenciando la integridad biológica.

De esta forma, con el objetivo de lograr la vinculación de los contenidos con el entorno ambiental próximo y mejorar en el educando la apropiación de aprendizajes contextualizados y significativos relativos a la biodiversidad en su estrecha interacción con su patrimonio asociado, los fenómenos y procesos que acontecen en la naturaleza y en la sociedad, en el programa de estudio de la asignatura Biología octavo grado se orienta, entre las diversas actividades prácticas biológicas a realizar, la excursión docente como forma de organización del proceso de enseñanza-aprendizaje de la Biología, que tributa directamente a la consecución de los objetivos del nivel educativo, y el grado.

Sin embargo, el estudio diagnóstico preliminar realizado en la escuela Secundaria Básica "Ciro Frías Cabreas", en el municipio Pilón, en la provincia Granma a través de observaciones

[7] Publicado originalmente en Revista *RAC: revista angolana de ciências. 4(1),* e040104. Disponible en: https://doi.org/10.54580/R0401.04

realizadas a clases, a actividades metodológicas desarrolladas por los docentes del grado, el tratamiento metodológico a los contenidos, así como entrevistas, encuestas y pruebas pedagógicas aplicadas a los/as estudiantes de octavo grado, la revisión de planes de clases y otras actividades docentes, como parte del desempeño profesional del autor de la presente investigación, arrojó como resultados las siguientes regularidades:

El currículo actual de la asignatura Biología octavo grado, posee potencialidades para vincular sus contenidos con el entorno ambiental próximo. Sin embargo, no se aprovecha con suficiente sistematicidad para contribuir en el educando, la sensibilización para la conservación de la biodiversidad y abordar el tratamiento de algunos conceptos articuladores del contenido, tales como: conservación, desarrollo sostenible, sustentabilidad, sobreexplotación, restauración, contaminación, degradación y diversidad biológica –o biodiversidad, por citar algunos. En este sentido, los/as estudiantes de la muestra seleccionada, asocian el concepto de biodiversidad fundamentalmente a la diversidad de flora y fauna existente en el territorio o simplemente a los animales y plantas que viven en su entorno y realidad ambiental más próxima, lo que demuestra la visión limitada y fragmantada que tiene el educando del significante, que puede constituir un obstáculo para su comprensión, mantenimiento o conservación.

Por otra parte, y con el fin de conocer los saberes sobre los bienes y servicios que brinda la biodiversidad, se pudo constatar que la mayoría de los/as estudiantes diagnosticados hacen referencias al valor económico, medicinal, alimentario, industrial, como combustible, recurso genético y farmacéutico. Es decir, reconocen solo su valor utilitario para los seres humanos, en detrimento de otras funciones o procesos que desarrolla en la naturaleza. Se comprobó también que los/as estudiantes de grado octavo, poseen un elevado interés por el estudio de la biodiversidad cubana y los temas relacionados con los problemas ambientales globales, regionales y locales, sin embargo, manifestaron dificultades en el conocimiento e información de las problemáticas socioambientales del territorio donde viven, de la representatividad de la biodiversidad animal endémica o autóctona del entorno ambiental próximo y del impacto que provoca la actividad humana en estos escenarios naturales.

En relación a las salidas a los espacios naturales, se observó que la frecuencia con la que los docentes realizan las excursiones docentes del tipo práctica de campo o excursión a la naturaleza, es muy baja, prevaleciendo en todo momento el estudio de la biodiversidad dentro del aula como parte de la clase tradicional de biología, provocando de esta manera, una inconexión entre los contenidos que se enseñan en el aula y la realidad ambiental próxima al educando. Además de lo dicho hasta ahora, hay que añadir que, se realizaron varias observaciones al comportamiento de los/as estudiantes en el entorno educativo y comunitario, evidenciando como resultado inadecuados modos de actuación ante la biodiversidad de flora y fauna que habita en estos espacios, lo que no se corresponde con los objetivos formativos deseados en el nivel educativo, y el grado.

Así, llegados a este punto, vale la pena señalar que el análisis de las insuficiencias detectadas en la constatación fáctica, esencialmente en cómo los/as estudiantes se apropian de los contenidos relativos a la biodiversidad con énfasis en la fauna silvestre del entorno ambiental próximo, indican que las principales causas de la situación descrita, se encuentran habitualmente, en las dificultades didácticas y metodológicas que muestran los docentes en relación a la articulación del sistema de contenidos conceptuales, procedimentales y actitudinales, así como al limitado conocimiento de los pasos metodológicos o etapas que la caracterizan a la excursión docente; situación que podría encontrar justificación en la organización del horario docente, la carga del contenido en el programa de estudio y el poco tiempo disponible para la realización de actividades en el entorno ambiental próximo.

Ante esta situación, es evidente la necesidad de buscar vías para solucionar las causas que originan los problemas identificados, a partir de que el docente de biología, incorporé a su labor como educador ambiental, nuevas estrategias didácticas que permitan estimular en el educando, la sensibilidad, la capacidad de percibir la biodiversidad de forma integrada en su medio natural, así como el espíritu de indagación y la búsqueda de solución a los problemas medioambientales locales. Es por ello que, a fin de ofrecer alternativas para resolver las insuficiencias descritas, en este artículo, aportamos una propuesta didáctica de excursión docente en la Biología octavo grado para la educación en la conservación de la conservación de la biodiversidad de los/as estudiantes de Secundaria Básica, considerando las potencialidades que ofrece el contenido biológico y el entorno ambiental próximo como medio de enseñanza potencial, para el reconocimiento, reflexión, problematización, apropiación de conocimientos y la conceptualización.

De ahí que, la consecución de este propósito esté vinculado con la siguiente pregunta: ¿Cómo abordar en los/as estudiantes de grado octavo de secundaria básica la educación para la conservación de la biodiversidad, que supere la visión reduccionista y fragmentada del significante, y más bien permita un proceso permanente de reflexión crítica que lleve a formar valores, sentimientos, actitudes, para su uso racional y sostenible en el medio ambiente?

Desarrollo

La importancia de la excursión docente (en adelante ED), y la necesidad de su realización en la práctica, han sido reconocidas por varios autores tanto en el plano nacional como internacional, aportando diversas definiciones, conceptualizaciones, recomendaciones, aportes teóricos, sugerencias prácticas y disímiles enfoques en el tratamiento epistemológico y didáctico de esta temática en el área de la Didáctica de las Ciencias Experimentales y Sociales.

Desde esta perspectiva, específicamente en el ámbito educativo, surgen las siguientes preguntas ¿qué entendemos por excursión docente? ¿cómo se clasifican? ¿cómo se define la excursión docente biológica? ¿qué entendemos exactamente por excursión a la naturaleza o práctica de campo? ¿cuáles son sus implicaciones didácticas en la educación para la conservación de la biodiversidad? Este conjunto de interrogaciones que se ciernen sobre el tema implica por tanto, la búsqueda de respuestas que sólo pueden construirse desde los aportes realizados por la comunidad científica que ha investigado en este sentido.

Así, basándonos en la sistematización teórica realizada destacan las investigaciones de algunos autores cubanos como: Barraqué (1991); Salcedo, *et al.* (2002); Bosque (2004); Mitre (2009); Hernández, Martínez, Torres & Hernández (2012); López (2016), quienes señalan que la ED es una forma de organización del proceso docente-educativo, que se realiza fuera del aula, convirtiendo la realidad en un medio de enseñanza, posibilita la vinculación de la teoría con la práctica, la asimilación de los conocimientos mediante la observación de los objetos y fenómenos y los procesos naturales y sociales, contribuye a la formación de la concepción científica del mundo, a la integración de los contenidos y al desarrollo integral de los estudiantes.

Más recientemente, Martínez, Turiño& López (2017); Barea, Cruz & Carrillo (2017a); Jardinot, Cardona, Vázquez & Cardona (2017a); Rogel, Yaguari & Carrión (2018a); Espinoza (2019); Estévez, Cruz& Carrillo (2020); Melchor, Ortega &Reyes (2021) coinciden en plantear quela ED es una vía o recurso empleado por los docentes para lograr mayor objetividad en la explicación o demostración de lo que se desea enseñar a los alumnos, asimismo contribuye a la adquisición, aplicación y sistematización de conocimientos, el desarrollo de habilidades, al aprendizaje de nuevos conceptos, al interés por la protección a la naturaleza y al gusto estético y al espíritu de trabajo colectivo.

En este sentido, a nivel internacional, autores como: Tal & Morag (2009); González (2009), sostienen que estas actividades con fines educativos desarrolladas fuera del aula, en un ambiente interactivo, permiten proveer en el alumnado experiencias y hace que el aprendizaje se vuelva atractivo y sea mucho más fácil, divertido y motivante. Del mismo modo, permiten explorar, descubrir y redescubrir una realidad cercana o lejana para el educando (Álvarez, Vásquez & Rodríguez, 2016). Por consiguiente, Wiki How (2016); Mohamed, Pérez & Montero (2017); ABC Color (2018); Aguilera (2018) sostienen que coadyuvan al afianzamiento y ampliación de los conocimientos adquiridos en el aula, genera experiencia en el alumnado y se convierten en un complemento o refuerzo al proceso de enseñanza-aprendizaje que tiene lugar en la escuela.

A lo anterior, Greca, Díez & Meneses (2017) agregan que a través de ellas, el educando va construyendo significativamente el conocimiento del mundo natural, a la vez que comienzan a entender el proceso de hacer ciencia. En este mismo sentido, Foresto & Belén (2020), plantea que acercan al estudiante al conocimiento científico al aplicar, indagar, cuestionar, lo que favorece su aprendizaje. También, potencia en la población estudiantil la adquisición de destrezas sociales y comunicativas, actitudes valóricas de responsabilidad, colaboración y respeto (Mora, Renata & Segura, 2021).

El enfoque clasificatorio de la excursión docente.

Concretamente, la ED según su contenido se clasifican en: especializadas, integradoras y generalizadas. Atendiendo a las funciones didácticas que desarrollan se clasifica de: orientación, introducción, asimilación de nuevos conocimientos y habilidades y aplicación de los conocimientos (Barraqué 1991). También identificamos bajo este enfoque la contribución de Guzmán, Gutiérrez, Giral, Bosque & González (2004), quienes abordan tres grandes grupos de ED atendiendo a la finalidad de estas: turísticas o recreativas, investigativas y docentes. Con base en lo anterior, en la enseñanza de la Biología octavo grado en el nivel educativo Secundaria Básica se emplean los dos últimos grupos de manera interrelacionada, para establecer la vinculación entre el saber cotidiano tradicional que posee el estudiantado y el científico escolar.

Por otro lado, tal y como se presenta en el título del artículo al inicio del manuscrito, la excursión docente biológica se asume, como la actividad extradocente que se realiza a un lugar de la naturaleza o la sociedad (un centro de producción, de servicios, de investigación, de recreo, etc.) con objetivos docentes bien definidos y que se ejecuta en varias horas en dependencia del plan concebido en función de dichos objetivos (Jardinot, Cardona, Vázquez & Cardona, 2017b). En este sentido, tras un proceso de microanálisis, hemos podido identificar que atendiendo a las características del lugar las diferentes variantes de ED se clasifican en visita dirigida, caminata docente y práctica de campo o excursión a la naturaleza. Así, atendiendo al objetivo de la presente investigación, se asume la última de estas variantes.

Al hilo de lo anterior, Pedrinaci (2012); Amórtegui, Mayoral & Gavidia (2017); Carrillo, Cruz & Cárdenas (2020), señalan que la práctica de campo o excursión a la naturaleza, es un proceso que se desarrolla a través de las diferentes etapas por la que transita, con el objetivo de percibir directamente en el medio donde existen los objetos y fenómenos que ocurren en la naturaleza y en la sociedad. Así, se constituye en espacio educativo donde los/as estudiantes participan activamente al relacionar la biodiversidad y cada uno de sus elementos, apoyados en acciones de aprendizaje que lleva a una práctica formativa situada en un contexto de intervención específico (De La Cruz & Pérez, 2020a). En virtud de lo anterior, vale la pena señalar que esta actividad práctica, puede integrarse o complementarse con las variantes anteriores y su éxito dependerá, en gran medida, del rol del docente como mediador y del dominio de las distintas etapas o pasos metodológicos que la acompañan.

La educación para la conservación de la biodiversidad: que és.

Sin duda alguna, vivimos en un contexto ambiental cada vez más complejo, como consecuencia de una crisis ambiental mundial, originada fundamentalmente, por un modelo de desarrollo científico-tecnológico acelerado, no compatible con la naturaleza y tampoco sustentable; si a esto se le sumamos las alteraciones provocadas por el cambio climático y los problemas ambientales, como la pérdida de la biodiversidad y la degradación de los diferentes ecosistemas, por citar algunos ejemplos, la situación resulta mucho más compleja y vulnerable para la vida en la tierra.

Ante esta realidad, se impone necesariamente abordar la educación para la conservación de la biodiversidad como dimensión de la educación ambiental, en la cual el individuo adquiere conocimientos, actitudes, estimula la capacidad de reflexión crítica y de participación social para la solución de los problemas ambientales, así como un cambio en los valores, la conducta y de una nueva ética que garantice el vínculo hombre – sociedad – naturaleza, sobre la base del desarrollo sustentable.

Así, desde este marco teórico y tomando como referente las aportaciones teóricas de distintos autores, a través de un análisis profundo en la bibliografía, encontramos que, no es lo mismo hablar de educación para la conservación que de educación para la biodiversidad, pues se trata de conceptos distintos (González-Gaudiano, 2002a). En este sentido, la conservación de la biodiversidad dependerá de una delicada interacción de procesos ecológicos, culturales, económicos y de la intervención humana, por lo que se recomienda que el reto se incorpore en el trabajo de todos los sectores en vez de manejarse como una agenda separada (González-Gaudiano, 2003b).

En esta línea, Enkerlin (2004) plantea que la conservación es un proceso dinámico y proactivo e incluye la protección, el manejo (incluyendo el uso sostenible) y la restauración de los diversos niveles de la diversidad biológica y con ello los procesos ecológicos, cambios ecológicos y servicios ambientales. Visto desde esta perspectiva, la conservación de la biodiversidad es una tarea que puede realizarse con individuos informados y educados, capaces de colocar la conservación de la biodiversidad en un contexto social, económico, ecológico y político, en el ámbito local, nacional y global (Barahona & Almeida, 2005a). Así, Primack (2006), advierte que la educación tiene un papel fundamental en la conservación de la biodiversidad y que esta se constituye un campo multidisciplinario que se desarrolla en respuesta al desafío de preservar las especies y los ecosistemas. En este mismo sentido también se pronunciaron otros (Iribarren, Josiowicz & Bonan, 2013).

Llegados a este punto, en este trabajo asumimos la definición de educación para la conservación de la biodiversidad, propuesta por Guerra (2011) cuando plantea que:

> *(...) es un proceso permanente y sistemático dirigido a la apropiación significativa y con sentido de los contenidos relacionados con la biodiversidad, de modo que el estudiante desarrolle conciencia, sentimientos y convicciones que guíen sus modos de actuación hacia su uso y manejo sostenibles, al implicarse protagónicamente en la transformación de la realidad que posee esta problemática en su entorno comunitario"* (p. 60).

En esta línea, Méndez & Guerra (2014), añaden que se trata de una educación para la conservación que rebase formas de pensar y actuar limitadas a la satisfacción a ultranza de las necesidades en el plano utilitario, para convertirse en una necesidad y responsabilidad individual del hombre, desde una posición ética. Desde esta perspectiva, el futuro de la conservación de las especies y de los ecosistemas dependerá del apoyo y participación activa de la población humana (Jacobson & McDuff, 1998). De ahí que, educar para conservación debe ser un principio fundamental en los programas educativos y de conservación (Barahona, Almeida, 2005b).

En esta investigación se asume la definición del concepto de biodiversidad propuesta por (De La Cruz, & Pérez, 2020b) cuando señalan que:

> (...) *incluye todas las formas de vida agrupadas en los reinos de la naturaleza que viven en*

un espacio determinado. Además, se destacan la variabilidad genética — incluso dentro de los organismos de una misma especie-, los diferentes ecosistemas y los hábitats del planeta con sus particulares condiciones climáticas, además de la variedad de adaptaciones de los organismos y las relaciones e interacciones que se presentan entre seres vivos y el ambiente" (p. 5).

La investigación asumió el paradigma interpretativo y empleó el enfoque cualitativo (Cohen, Manion y Morrison, 2018), prevaleciendo la combinación de diversos métodos científicos sustentados en el enfoque integral investigativo, que tiene como soporte metodológico el método dialéctico-materialista. Este método general fue acompañado de la aplicación de métodos teóricos del conocimiento, como el analítico–sintético, inductivo–deductivo que sirvieron de marco referencial para interpretar, procesar y sistematizar la información obtenida, tanto de la bibliografía consultada como práctica; de igual forma, permitieron caracterizar las posiciones teóricas de la variante de excursión docente asumida; el enfoque de sistema, permitió diseñar la excursión docente y explicar las relaciones estructurales y funcionales de las etapas establecidas en ella.

Por consiguiente, se utilizaron métodos del nivel empírico del conocimiento, tales como: la encuesta a los/as estudiantes, permitió recolectar conocimientos conceptuales, procedimentales y actitudinales acerca de la biodiversidad, la observación a clases y al comportamiento de los/as estudiantes en el entorno ambiental, a actividades metodológicas, registros evaluativos de las actividades docentes y el análisis de los documentos normativos para la revisión del libro de texto, orientaciones metodológicas, planes de clases de los docentes y el programa de Biología octavo grado del nivel educativo Secundaria Básica.

Se recuperaron artículos de revistas nacionales e internacionales a través de motores de búsqueda de Google Scholar, Ciencia Sciencie con bases de datos electrónicas en Web of Science (WOS), Scopus, SciELO y otras revistas en acceso abierto. Como resultado de esa revisión quedó un total de 44 referencias bibliográficas utilizadas para fundamentar el estudio del arte del tema abordado.

Se asumió la investigación acción participativa (IAP) Requena (2018) y se empleó el método de evaluación por criterio de expertos a través del método Delphi que facilitó la constatación de la pertinencia sustentabilidad y transferibilidad de la propuesta en la práctica, a partir de considerar 5 puntos de corte o categorías de evaluación del tipo de escala de Likert (muy adecuado, bastante adecuado, adecuado, poco adecuado e inadecuado).

Como caso de estudio, a modo de ejemplo, la propuesta se llevó a cabo con estudiantes de grado octavo de la escuela Secundaria Básica "Ciro Frías Cabreas", en el municipio Pilón, provincia Granma. Se tomó como población a 46estudiantes que cursaban el grado octavo durante el curso escolar 2018-2019. Se conformó una muestra intencional de 25 estudiantes, que recibían los contenidos de la asignatura Biología octavo gado, de ellos, 11 de sexo masculino y 14 de sexo femenino, con predominio de una buena disciplina, confianza, actitud en general curiosa, proactiva, propositiva, creatividad y entusiasmo. La elección del grupo de estudiantes nace ante la relevancia de satisfacer las necesidades del diagnóstico que arrojó como resultados dificultades en el aprendizaje de los contenidos relacionados con biodiversidad animal silvestre del territorio, así como las adaptaciones de su forma de vida, diversidad, distribución e importancia. Para la realización de la actividad se dividió el grupo en 5 equipos de 5 integrantes.

La actividad práctica se llevó a cabo en la Reserva Ecológica "El Macío", localizada en la región oriental de Cuba, al sur de la Sierra Maestra Occidental, en el municipio Pilón, provincia Granma. Este escenario fue escogido como polígono para la realización de la excursión docente biológica, porque la institución educativa y los barrios aledaños donde viven los/as estudiantes de la muestra seleccionada forman parte de ella. De manera general, predomina un clima local seco, propio de los ecosistemas costeros, la red fluvial drena hacia el Mar Caribe, el relieve es irregular con algunas pendientes y está representada por especies de la fauna y flora endémica y autóctona de Cuba. Sin embargo, en el contexto actual, en el área se observan algunos problemas ambientales como por ejemplo, la deforestación y la degradación del suelo.

En consecuencia, de acuerdo con su plan de manejo, la meta principal de la reserva ecológica es el mantenimiento, protección y conservación de los ecosistemas representativos y los recursos naturales, que incluyen principalmente Bosques semideciduomesófilo, Bosque de galería, Bosque semideciduomicrófilo, Uveral, Manglar y Herbazal de ciénaga, Matorral xeromorfo costero y pre costero. Es por ello que, la connotación de los valores del patrimonio histórico, cultural, natural, paisajístico y faunístico que tipifica a la reserva, justifica la realización de excursiones docentes en función de promover en el educando, la educación para la conservación, el uso racional y sostenible de la biodiversidad del territorio.

El rol del docente en esta actividad práctica biológica es el de mediador, coordinador, acompañante de la relación intencionada y significativa entre los/as participantes y facilitador del proceso de construcción de aprendizajes, de la problematización intelectual, ejercitación, reflexión constante y corrección de los posibles errores que se pudieran presentar en la apropiación del contenido en los/as estudiantes. En cuanto al gasto, la propuesta didáctica de excursión docente, no requiere de una financiación específica puesto que, por una parte, la salida planificada al escenario seleccionado se hace a pie desde el centro docente sin pernoctar en el lugar y, por otra, los recursos materiales e instrumentos utilizados para la observación forman parte de las dotaciones propias de la institución educativa, de los/as discentes y docentes.

Para el análisis de la información se elaboró un sistema de indicadores que permitieron la operacionalización de cada una de las dimensiones propuestas. Para ello se contó con la opinión de expertos en el área de ciencias naturales que confirmaron la fiabilidad y la validez de los instrumentos antes de ser aplicados en la práctica. La medición de los indicadores se realizó mediante una escala ordinal que considera las categorías muy adecuada, bastante adecuada e inadecuada.

Así las cosas, las dimensiones fueron: aprender a conocerla biodiversidad del entorno ambiental próximo, con sus indicadores: dominio conceptual, conocimiento de los problemas ambientales de su entorno, las causas que lo provocan y sus consecuencias, aprender a hacer en el entorno ambiental próximo, con sus indicadores: habilidades en el manejo de instrumentos y las Tecnologías de la Información y las Comunicaciones (TIC), para la ubicación en el terreno y búsqueda de información, la observación, explicación y comunicación de los resultados, aprender a ser y convivir en el entorno ambiental próximo, con sus indicadores: manifiesta una actitud proactiva, crítica, reflexiva, autocrítica, y de acción ambiental, muestra relaciones armoniosas, solidaridad, diálogo, empatía, tolerancia por la diversidad, disposición por el trabajo cooperativo en grupo, asume las tareas asignadas, y comparte las decisiones tomadas, expresa sentimientos de amor hacia la naturaleza, por la protección del medio ambiente, respeto por la biodiversidad, sensibilidad ante los problemas del medio ambiente y participa en su posible solución.

Tomando como referencia la base de sustentación teórica sistematizada en la investigación, en los párrafos siguientes, se describen las etapas de la excursión docente (preparación, planificación, orientación, ejecución o desarrollo y presentación de los resultados), así como las recomendaciones metodológicas, que pudiera tener en cuenta el docente a la hora de organizar en el proceso de enseñanza-aprendizaje de la Biología octavo grado, la excursión docente biológica para la educación para la conservación de la biodiversidad en los/as estudiantes de secundaria básica.

En relación a lo anterior, desde el punto de vista metodológico, las etapas propuestas se caracterizan por presentar una estrecha relación entre sí, y elevada interdependencia, constituyen en una verdadera herramienta didáctica que permite al docente seleccionar y organizar junto a los/as estudiantes los contenidos que se enseñarán en el entorno ambiental como parte del plan de excursión, de la mano con los recursos y los medios e instrumentos que exige este tipo de actividad práctica biológica, demuestran cómo secuenciar las actividades para integrar contenidos de las ciencias naturales y de otras asignaturas, y el qué hacer en cada momento durante la ejecución, debido a las variadas actividades o situaciones de aprendizaje a las cuales se enfrentan los/as estudiantes en los diversos contextos de actuación.

Etapa de preparación

La etapa de preparación incluye las acciones que deben ser planificadas por profesores y estudiantes para enfrentar la etapa de ejecución (Iglesias, Candano & Alvarez, 2020). Así, se recomienda identificar los objetivos formativos del nivel educativo-los del grado, los objetivos y contenidos por unidades del programa de Biología octavo grado, la ubicación de la excursión docente en él, cuando se va a realizar la actividad práctica, sobre qué contenidos se basa y la evaluación permanente que deberá tener un carácter procesal y que combine lo cualitativo y lo cuantitativo y se practique mediante la coevaluación, la heteroevaluación y la autoevaluación metacognitiva, con fines no solo de valorizar el proceso de aprendizaje, sino también de autoconocimiento y establecimiento de responsabilidades durante el proceso de aprendizaje en el entorno ambiental en clima de confianza, independencia y espontaneidad.

Coordinar con la familia, instituciones, especialistas y factores de la comunidad el objetivo que persigue la excursión docente, así como las medidas organizativas y de seguridad de los participantes durante su traslado y regreso. Se recomienda organizar los grupos de los/as estudiantes a partir de criterios como homogeneidad entre compañeros, compatibilidad, paridad y heterogeneidad, precisar objetivos, lugar, horario de salida y de regreso, los medios y lugares a visitar, transporte, tipo de vestuario, alimentación, tiempo de duración, recursos necesarios y participantes, el apoyo de los padres y el diagnóstico psicopedagógico del grupo.

Prever los materiales e instrumentos de apoyo a emplear por los/as participantes en la actividad por ejemplo, (cámara fotográfica, teléfono móvil, lupa, cuchillas, bolsas de nylon, recipientes, etiquetas); precisar y concretar cómo operar en la práctica con el registro de campo y las operaciones de la excursión. Prever los posibles errores que pueden surgir en el aprendizaje individual o grupal de los participantes, proponer medidas ante las dificultades y las acciones concretas para mejorarlos. Elaborar una guía que facilitará el trabajo según los objetivos previstos (Barea-Sánchez, Cruz-Dávila & Carrillo-Menocal, 2017b).

Etapa de planificación

En esta etapa, para que la excursión no quede condenada al fracaso, es imprescindible que el docente involucrado en la actividad práctica realice previamente a la etapa de ejecución o desarrollo, un recorrido al escenario a modo de prueba con un grupo de estudiantes para elaborar un pequeño esbozo, mapa o esquema con los destinos puntos de interés a visitar, identificar los puntos de interés didácticos con banderolas rojas u otras iniciativas, observar el estado en que se encuentran las vías de acceso al lugar y la representatividad de la biodiversidad que se pudiera observar durante el recorrido. En este mismo sentido, Jardinot, Cardona, Vázquez & Cardona (2017c), plantean que, es el momento de concebir la sugerencia de indagación previamente entregada a los/as estudiantes para la excursión, considerando los objetivos previstos, el tiempo aproximado para la ejecución, las características del lugar, las medidas para preservar la biodiversidad y las acciones a desarrollar para mitigar los problemas medio ambientales.

En consecuencia, Rogel, Yaguari & Carrión (2018b) agregan que el docente debe atenderalas necesidades de integración de los contenidos con otros de las ciencias naturales, así como de otras asignaturas, la concepción metodológica para su ejecución, prever los resultados esperados, el vocabulario técnico que se utilizará durante la excursión y los conceptos importantes que se enseñarán, seleccionar el lugar donde se va a ejecutar la excursión; valorar, según la dosificación, las fechas posibles y elaborar el plan de la excursión que integre las acciones a realizar por los docentes y los otros agentes educativos.

A continuación presentamos como parte de esta etapa el diseño de la excursión docente biológica del tipo práctica de campo o excursión a la naturaleza, en la Reserva Ecológica "El Macío", en el municipio Pilón, provincia Granma, como polígono de experimentación para contribuir a la educación para la conservación de la biodiversidad en los/as estudiantes de octavo grado. Esta actividad práctica permitirá estimular en el educando, la sensibilidad y la capacidad de percibir la biodiversidad de forma integrada en su medio natural; razones para la apropiación contextualizada de los contenidos relativos a la Unidad 8: Tetrápodos del programa Biología octavo grado, vigente en el nivel educativo Secundaria Básica.

La elección de los grupos faunísticos (Anfibios, Reptiles, Aves y Mamíferos), sus características y adaptaciones al medio donde viven, pertenecientes a la referida unidad se fundamenta en primer lugar, en la facilidad que estos organismos presentan para observarlos en el medio natural, y en el hecho de que muchos de los/as estudiantes probablemente, tengan mayor familiaridad, afecto y simpatía con algunos de ellos en la comunidad donde residen, lo que puede sentar las bases para despertar el espíritu de indagación en el entorno y la realidad ambiental próxima, la motivación y el interés por el estudio de la biodiversidad en general y de manera particular por los representantes de los tetrápodos; durante el recorrido se pueden observar además otros grupos de seres vivos frecuentes en la mayoría de los ambientes, como las plantas y animales pertenecientes a los grupos de invertebrados, moluscos, artrópodos, entre otros.

El valor didáctico de la propuesta radica en que esta constituye una herramienta que permite al docente de biología, emplear el entorno y realidad ambiental próxima como objeto de enseñanza, para potenciar en los /as estudiantes el aprendizaje significativo, motivar el proceso de indagación científica y el desarrollo de habilidades prácticas como la observación, explicación yla interpretación de procesos y fenómenos naturales y sociales, así como la asimilación de conceptos estudiados en las clases. En esta línea, toma como sustentos el sistema de generalizaciones biológicas que tiene como eje central la integridad de la naturaleza, considerando la necesidad de que los/as estudiantes se apropien de una concepción de biodiversidad y naturaleza que incluya el reconocimiento de las interacciones con lo social y los problemas ambientales de su realidad ambiental.

De esta forma, la actividad práctica diseñada permitirá que los/as participantes pasen de ser receptores de información por parte del docente y el libro de texto de Biología octavo grado, a ser protagonistas de su propio aprendizaje de la diversidad y unidad del mundo vivo que lo rodea. Así, el aprendizaje cobra sentido en la medida en que al construir su propio conocimiento, el educando realiza procesos mentales que le permiten estar consciente de lo que aprende, cómo lo aprende y el fin para qué lo aprende, a la vez que se compromete con la autorregulación de su actividad de aprendizaje (Torrano, Fuentes & Soria, 2017).

Diseño de la excusión a la naturaleza.

Tema de la excursión: “Los guardianes de la biodiversidad”.

Objetivo general:

- Familiarizar a los/as estudiantes con la biodiversidad representativa de la Reserva Ecológica “El Macío”, potenciando la integración del aspecto natural, económico, sociocultural e histórico.

Objetivos específicos:

- Motivar hacia el aprendizaje de la biodiversidad del territorio.
- Concienciar y sensibilizar a los/as estudiantes sobre la biodiversidad y su problemática entorno a la conservación, el uso sostenible y manejo sostenible.
- Identificar los principales impactos ambientales que afectan a la biodiversidad y las posibles medidas para minimizar las afectaciones.
- Divulgar los valores naturales y patrimoniales a partir de textos orales, escritos, audiovisuales, entre otras iniciativas.

Tipo de investigación: indagación en el territorio de aspectos naturales y sociales, bibliográfica y de experimentación.

Método: explicativo e ilustrativo.

Asignaturas a integrar: Ciencias Naturales, Historia, Geografía de Cuba, Español- Literatura, Educación Cívica, Física, Química y Matemática.

Conceptos a trabajar: biodiversidad, conservación, sustentabilidad, desarrollo sostenible, especies extinguidas, especies en vías de extinción, especies exóticas introducidas, especies invasoras, especies migratorias, especies amenazadas, destrucción de hábitat, sobreexplotación, degradación, restauración.

Lugar y fecha de su realización: Reserva Ecológica "El Macío". (Finalizando la Unidad 8 Tetrápodos del programa Biología octavo grado).

Hora de salida y de llegada: 6:30 am – 12:30 pm.

Materiales: cámara fotográfica, teléfono móvil, Lápiz, libreta, pinza, frasco de vidrio o plástico, cuchilla, lupa, bolsa de nylon, binoculares, recipientes, etiquetas, brújulas, mapa de la localidad, smartphone, tablet, etc.

Itinerario o marcha-ruta, con sus estaciones:

Itinerario: Escuela secundaria básica, de ahí al río de la comunidad, concluyendo en la playa.

Estaciones:

Primera estación: El río de la comunidad.

Segunda estación: El peñón de motica (montaña)

Tercera estación: La playa de la comunidad.

Operaciones a realizar por los/as participantes:

1. Localiza en el mapa o teléfono móvil la ubicación físico-geográficadel área de estudio. (auxíliate de la brújula, si fuera necesario).
2. Mide la temperatura y dirección del viento.
3. Observa si la iluminación y humedad en el medio es uniforme.
4. Observa si existe alguna fuente de agua en el medio (playa, río, presa, estanque, canales).
5. Observa si existen fuentes de contaminación en el medio.
6. Revisa con detenimiento debajo de las piedras, entre la vegetación, las hojas caídas, en los troncos, las ramas de los árboles y en los alrededores, respetando siempre la integridad y dinámica de los ecosistemas en el medio. ¿Qué características y adaptaciones presentan los organismos que allí viven? (auxíliate de pinzas, de la lupa o teléfono móvil, si fuera necesario).
7. Observa los sitios de descanso de los animales, formas alimentación, reproducción, estado de conservación del paisaje (auxíliate del teléfono móvil, cámara fotográfica o binoculares, si fuera necesario).
8. Realiza un levantamiento de las especies endémicas o autóctonas de la fauna cubana.
9. Valora las principales amenazas a la que está sometida la biodiversidad, en relación a: riesgos naturales por el efecto de los cambios globales y desastres naturales, impacto en los ecosistemas vulnerables, la sobreexplotación de la flora y fauna silvestre, el manejo de las especies con fines productivos y económicos, efectos de la acción antrópica, pérdida de biodiversidad y las causas que la originan.
10. Registra de forma escrita en el diario de campo sus juicios conclusivos acerca de las posibles acciones individuales y colectivas que están a su alcance para minimizar las afectaciones a la biodiversidad del entorno ambiental.
11. Comunica, de forma oral, con fluidez, autonomía, creatividad y eficacia cómo se establecen las relaciones luz-temperatura- suelo-vegetación-fauna.
12. Lávate las manos y limpia los instrumentos y materiales utilizados una vez concluida la actividad práctica biológica.

Etapa de orientación

Esta etapa consiste en crear las condiciones psicológicas entre los/as participantes para la ejecución de la excursión, organizar los equipos e integrantes conformados por ambos sexos y nombrar a uno de ellos como responsable del equipo, distribuir las tareas y materiales por equipos e integrantes y precisar las normas de comportamiento entre compañeros del grupo y en el entorno ambiental, así como la responsabilidad en el cumplimiento de las operaciones de la excursión, el trabajo cooperado y la ayuda mutua entre compañeros. En este sentido, es recomendable orientar además, la toma notas por parte de los/as estudiantes acerca de las características de los grupos de animales observados en el lugar (nombre común, lugar de observación, formas del cuerpo, colores, tamaños, adaptaciones al medio, fecha de observación, entre otras); recoger evidencias como: dibujos, anotaciones, recortes, audios, videos y fotografías tomadas con teléfonos móviles o cámaras, entre otras evidencias; como insumo para utilizarlos posteriormente en el análisis, discusión y comunicación de los hallazgos encontrados como parte de la experiencia.

De igual manera, se recomienda informar el título de la excursión docente, la manera como se concibe la organización de los equipos para el desarrollo del trabajo de campo, el tiempo asignado como recurso más imprescindible para el desarrollo de las operaciones que acompañan la actividad práctica biológica, el itinerario o ruta a seguir, las estaciones o paradas en los en lugares previamente visitados por el docente, los códigos de comunicación que se tendrán en cuenta en entorno ambiental, los roles de los/as estudiantes, del docente y acompañantes. Se orienta además evitar los ruidos, sonidos, conversaciones en voz alta, no dejar rastros de la presencia humana y basuras que puedan generar contaminación y posibles incendios forestales que afecten de manera directa la estabilidad y dinámica del ecosistema.

De acuerdo con los objetivos de la excursión, los contenidos a estudiar, las características del lugar y el diagnóstico de los/as estudiantes, el docente podrá concebir, cuándo se realizará, dónde y cómo se evaluará la actividad (oral, escrita a través de informe, exposiciones, debates, talleres, respuestas a preguntas, respuestas a interrogantes, resumen), qué es lo que se van observar, así como la guía de excursión docente acompañada de las operaciones a realizar en el terreno.

Una vez se dé por terminada la actividad práctica biológica, el docente organizarálos/as estudiantes en un lugar seleccionado para realizar el control de la asistencia, así como de los materiales e instrumentos utilizados y las experiencias vividas durante el desarrollo de la actividad práctica. En este escenario el docente orienta la confección de un informe final que contará con no más de 4 páginas, dividido en portada, instrucción, desarrollo, conclusiones, bibliografía y anexos (incluidas las fotografías, mapas, etc.). Este informe llevará asociado una valoración numérica que formará parte de la evaluación final y se entregará por equipos en una fecha establecida por el docente de la asignatura. Asimismo se precisarán las siguientes exigencias: calidad en la redacción, la ortografía, la coherencia, la originalidad, el lenguaje, la creatividad de las ideas en la presentación y defensa, el dominio del contenido, el uso de medios y la entrega en la fecha establecida del informe escrito.

Etapa de desarrollo o ejecución

En esta etapa, el docente antes de comenzar la ejecución de las actividades previstas es necesario que establezca un ambiente relajado y cómodo para obtener mejores resultados en el aprendizaje de los/as participantes. Se recomienda realizar una breve introducción por parte del docente o especialista invitado acerca de las características físico-geográficas, históricas, económicas, sociales y culturales del escenario a visitar; esto sentará las bases para familiarizar a los/as estudiantes con el entorno ambiental y dará la oportunidad a los que carecen de experiencias en actividades en el campo despertar la motivación y el interés por la investigación en su entorno y la realidad ambiental próxima, de conocer sus potencialidades y costumbres de los miembros de la comunidad, así como de experimentar de primera mano, cómo las actividades ambientales fuera del aula pueden ser integradas en el aprendizaje de los contenidos de las ciencias naturales y de otras asignaturas.

De igual manera, se recomienda verificar si los participantes disponen de los materiales, instrumentos y medios de comunicación necesarios. Proyectar la prestación de niveles de ayuda a los participantes, solo en casos necesarios y atender las necesidades, preocupaciones, motivaciones, intereses, inquietudes que se pudieran presentar, propiciar la independencia cognoscitiva, el trabajo cooperado y el rol protagónico de los/as estudiantes en el proceso de aprendizaje. Asimismo, supervisar durante el trabajo de campo la disciplina de los/as participantes, el interés, motivación, concentración, el tiempo que utilizan los equipos cuando desarrollan las operaciones de la excusión para posteriores análisis de los posibles errores que se puedan manifestar, lo que servirá de retroalimentación para el perfeccionamiento de otras excursiones.

Una vez finalizada la etapa de desarrollo o ejecución de la excursión en la reserva ecológica, el docente aplica una encuesta y prueba pedagógica a los participantes para comparar y valorar los resultados obtenidos, así como las transformaciones que fueron logrando en el orden cognitivo, procedimental y actitudinal antes y después de la intervención educativa, con base además, en la valoración crítica de las experiencias vividas y la complejidad estructural de los argumentos formulados por los/as participantes y, de acuerdo con los diferentes instrumentos, dimensiones e indicadores establecidos.

En este mismo sentido, uno de los principales resultados constatados se encuentran en relación a los saberes sobre el concepto de biodiversidad. En este sentido los/as estudiantes se acercaron paulatinamente a su definición mediante el contacto directo con el medio natural. De esta forma, demostraron en sus expresiones que la biodiversidad representa la vida en sus múltiples expresiones, que es el resultado y continuidad de un largo proceso evolutivo y ecológico, que abarca la diversidad dentro de cada especie, entre las especies, los genes, los ecosistemas y los complejos ecológicos de los que forman parte, en constante interacción con su medio natural; elementos que demuestran el dominio alcanzado por los/as participantes en la comprensión del concepto de biodiversidad en comparación con los resultados del diagnóstico inicial.

Al mismo tiempo, se evidencian avances en el reconocimiento de la complejidad de la biodiversidad y de nuevas formas de mirar y comprenderla en su estado natural, que no solo implica hablar de la diversidad de lo vivo, sino que también supone reconocer su origen y dinámica. Esto marcó un punto de partida para establecer la relación de la biodiversidad y la concepción cultural humana (costumbres, reglas, rituales, representaciones espirituales, mitos, tradiciones e identidad), así como el riesgo que representa su pérdida. Estos resultados son concordantes con De La Cruz & Pérez (2020c), cuando refieren que esta forma de concebir la biodiversidad permite evidenciar cierto nivel de profundidad en cuanto a la habilidad y capacidad de relación entre conceptos y contenidos que los estudiantes hasta este grado han manejado en su recorrido escolar; la biodiversidad se configura entonces como un concepto que va más allá de lo biológico y que llega a impregnarse de las experiencias humanas.

Por otro lado, se logran avances en el reconocimiento del valor intrínseco de la biodiversidad y su vínculo con otros servicios ecosistémicos que ella ofrece, como por ejemplo, los culturales (educativos, cognitivos, estéticos, recreativos, simbólicos, históricos, espirituales, y en la vida afectiva del ser humano). En este sentido, Bermúdez, De Longhi y Gavidia (2016), señalan que el valor de enseñar y aprender los bienes y servicios que aporta la biodiversidad, radica en que puede ayudar a que los estudiantes y otros actores sociales desarrollen competencias para fundamentar y orientar la interpretación crítica y la toma de decisiones en torno a las políticas de conservación.

En lo concerniente a la identificación de las especies endémicas, autóctonas, introducidas y en peligro de extinción de la reserva ecológica, el 100% de los/as participantes logran identificar y nombrar muchas de las especies de animales silvestres representativos del área, siendo las más frecuentes la iguana, la lagartija, el majá y el chipojo; destacana demás, la presencia típica de especies significativas de anfibios como el sapo endémico de Cuba, ranitas o ventorrillas. Los/as participantes destacaron como sorprendentes hechos que pudieron observar en el área, la presencia de animales domésticos como: el gato, la gallina, el perro y el conejo, así como de producción (la vaca, la oveja, el chivo, el burro, el pavo y el caballo), así como el nivel de antropización provocado por la actividad humana en este escenario.

Fueron identificadas algunas especies de aves comunes endémicas de Cuba y de fácil observación en la reserva ecológica como: el zunzuncito, la cartacuba, el carpintero churroso, el totí, el mayito, el chichinguaco y el sinsonte, así como el reconocimiento de algunas especies de palomas comunes (rabiche, torcaza cabeciblanca, tojosa), entre otros grupos de animales, con los que mostraron afecto y familiaridad. Estos resultados son concordantes con Herrera (2020) quien afirma que, el modo en que los estudiantes contemplan la biodiversidad parte de la apariencia física de los organismos y de sus experiencias previas con ellos.

En consecuencia, ellos/as estudiantes nombran a otros representantes de la fauna cubana presentes en las áreas visitadas de la reserva ecológica, tal es el caso de algunos moluscos terrestres como: zachrysia, coryda, y en la orilla de la playa especies de neritas, quitones y almejas. En cuanto a los mamíferos, identifican ala jutía conga y una especie acuática en peligro de extinción: el manatí antillano. A su vez, se observaron entre la zona rocosa y de arena de marotros tipos de seres vivos, entre los que destacan, algas (pardas, rojas, alimedas), equinodermos (erizos, estrellas de mar),crustáceos (jaibas, cangrejos),entre otros, que llamaron mucho la atención de los participantes por la amplia distribución, variedad de colores, formas, tamaños y adaptaciones al medio, así como su importancia ecológica.

El 100% de los participantes fueron capaces de identificar problemas ambientales que afectan directamente a las especies de flora y fauna del área visitada. Señalaron por ejemplo, la degradación de los ecosistemas y la pérdida de biodiversidad. De esta forma identificaron como principales causas, los incendios forestales, la extracción no adecuada de arena de mar y del río, así como la construcción de viviendas, tala selectiva de árboles (mangle negro, tamarindo chino, uva caleta)para la producción de carbón vegetal, uso como combustible o como material de construcción, la caza furtiva de aves (gavilán caracolero y cernícalo) y de mamíferos como el manatí para el consumo, la contaminación por desechos plásticos y los microbasurales en sitios no oficiales, asimismo la creación de parcelas de cultivo y el pastoreo de ganado bobino y caprino, las prácticas culturales y religiosas que aún están presentes en algunos los miembros de la comunidad.

Con respecto a las medidas para conservar a la biodiversidad y su patrimonio natural y cultural asociado, los participantes expresaron como parte de sus argumentos, evitar la tala de los árboles, la contaminación de ríos y mares por el derrame de residuales líquidos, sólidos y desechos fundamentalmente por plástico, la caza y la pesca furtiva, crear nuevas áreas protegidas para proteger y conservar a la diversidad biológica, realizar un uso racional del agua, fomentar la siembra de cultivos de manera ecológica y sostenible, los incendios forestales, los microbasurales, el uso de productos químicos en la agricultura, así como realizar charlas educativas para divulgar la biodiversidad representativa de la comunidad, su importancia en la naturaleza y la vida del hombre, y los peligros a los que está expuesta, reducir el consumo excesivo y reciclar los productos utilizados, no causar impactos cuando se visiten entornos naturales y realizar acciones de saneamiento ambiental en el entorno educativo y comunitario.

No obstante, hay también que señalar que, se identifican algunas regularidades durante la actividad práctica relacionadas, conalgunos desorden manifestados por los/as estudiantes, debido fundamentalmente a distracciones (que no afectaron el objetivo de la actividad) y en la carga desigual de algunos integrantes de un mismo equipo a la hora de trabajar cooperativamente con el empleo de algunos instrumentos de medición.Otra de las dificultades encontradasen los/las participantes que requirió del apoyo docente, fue al identificar algunas especies de aves acuáticas (pelícanos, rabihorcado, garza blanca, gaviota pico negro, gavilán cola de tijera, gaviota rosada, siguapa) y aves de presa (gavilán caracolero y cernícalo endémicos de Cuba), entre otras especies de reptiles como las lagartijas, a partir de sus variados colores, formas, tamaño, o la diferencia entre el macho y el hambre.

Se pudo comprobar que el 100% (25) de los/as estudiantes, manifiestan estar satisfechos con este tipo de actividades en el entorno ambiental próximo, así como con la temporalización y metodología de la excursión a la naturaleza empleada por el docente, porque en su opinión, los motiva y les permitió conocer mejor las características, adaptaciones, diversidad y distribución e importancia de los diferentes grupos de seres vivos que habitan en estos escenarios naturales cercanos a ellos, y que en algunos casos, eran desconocidos (Carpintero Churroso, garza azul, garza roja, zarapico chico, pato chorizo, camao).Todo lo anterior coincide a lo señalado por Martínez, García & García (2019), cuando plantean que en el caso de la biodiversidad, el contexto toma sentido según el significado construido para dicho concepto.

Otra cuestión que hay que destacar es que, los/as participantes en la actividad demuestran habilidades de orientación en el terreno utilizando la tecnología móvil o el mapa, para la recolección de información, interpretación y discusión de los datos que les facilitó la elaboración del registro de campo y el informe final; se evidencian avances significativos en la realización de varias operaciones como la elaboración de esquemas, dibujos, formulación de hipótesis, toma de datos, mediciones de la temperatura, humedad del medio y de la dirección del viento.

De esta forma, se infiere que existe buena participación del estudiantado en la actividad práctica, muestran solidaridad, una conducta responsable, el trabajo cooperativo entre compañeros, un aprendizaje asertivo y de empatía. Asimismo, socializaron las experiencias vividas en una sesión docente planificada en la escuela con la participación de los compañeros de estudio, padres, familiares, docentes y directivos, utilizando varias iniciativas como por ejemplo, la elaboración de contenidos multimedia, murales y el power point con creatividad, claridad, orden y precisión; la divulgación de las experiencias vividas se realizaron a través de las diferentes plataformas de Messenger, Facebook y Twitter. Se reconocieron los aprendizajes logrados o dificultades que encontraron los/as estudiantes durante la ejecución de la actividad, así como las medidas para erradicarlos; fueron estimulados aquellos que más se destacaron en la actividad.

Conclusiones

Tras un análisis epistemológico de la temática relacionada con la excursión docente y sus implicaciones didácticas en la educación para conservación de la biodiversidad se concluye que, esta forma organización del proceso de enseñanza-aprendizaje que se realiza fuera del aula y cuyo uso se remonta a muchos años, demuestra las amplias posibilidades educativas, formativas y prácticas que presenta, para la observación y explicación de la biodiversidad, en su relación con los diversos fenómenos y procesos que acontecen en la naturaleza y en la sociedad en estrecha interacción. Así, en cualquier caso de variante de excursión docente que se aplique, se necesita de una preparación adecuada del docente implicado en el proceso de las etapas o pasos metodológicos que la acompañan.

Por medio de esta experiencia educativa llevada a cabo en una reserva ecológica de la localidad, se demostró la importancia de estos escenarios vivos para promover en el educando la educación para la conservación de la biodiversidad. Con base en los resultados obtenidos, se comprobó, que los/as participantes reconocieron la biodiversidad en su relación con los procesos y fenómenos de la naturaleza y la sociedad, así como los problemas ambientales de su contexto. Se demostró además que a través de la excursión a la naturaleza se puede contribuir a un mayor acercamiento del educando con las diferentes formas de vida que habitan en su realidad ambiental próxima, y a la integración de los contenidos de la asignatura Biología octavo grado con otros contenidos de las ciencias naturales, así como de otras asignaturas, como Historia. Todo lo cual permitió mejorar las limitaciones que en el orden conceptual, actitudinal y procedimental manifestaban los/as estudiantes en el diagnóstico inicial.

Otra consideración relevante que queremos resaltar es que la propuesta didáctica podría servir como punto de partida o inspiración para futuros excursiones docentes en otros contextos. Por tanto, el docente interesado en poner en práctica esta experiencia educativa deberá consideraren primer lugar, las características de los entornos ambientales próximos a la escuela y la comunidad, los objetivos del nivel educativo, del grado, asignatura, unidad y clase, el nivel de complejidad de los contenidos y por último, los resultados del diagnóstico individual de los/as estudiantes en términos de precisar, los diferentes niveles de desarrollo en que se encuentran (necesidades, conocimientos, capacidades, intereses, habilidades, hábitos, motivaciones, actitudes, aspiraciones, potencialidades, carencias), así como las creencias, costumbres, experiencias, modos de comportamiento y valores, con vistas a la realización de otras actividades extradocentes centradas en esta temática abordada.

Finalmente, como recomendación, invitamos a los docentes que bajo una perspectiva de continuidad, realicen futuras investigaciones que profundicen en el tratamiento de los contenidos relativos a la biodiversidad no solo como un constructo cognitivo, sino desde las dimensiones afectiva, motivacional, valorativa, estética, ética y sociocultural, y de cómo el comportamiento humano tiene fuertes implicaciones en la pérdida de biodiversidad y su patrimonio asociado.

REFERENCIAS

ABC Color (2018). Excursiones escolares. Revista electrónica ABC-Color. Disponible en: http://www.abc.com.py/articulos/excursiones-escolares-775177.html

Aguilera, D. (2018). La salida de campo como recurso didáctico para enseñar ciencias. Una revisión sistemática. *Revista Eureka sobre Enseñanza y Divulgación de las Ciencias 15*(3), 3103 Disponible en: https://revistas.uca.es/index.php/eureka/article/view/4118

Álvarez-Piñeros D., Vásquez-Ortiz W.F., &Rodríguez-Pizzinato L.A. (2016). La salida de campo, una posibilidad en la formación inicial docente. *Didáctica de las Ciencias Experimentales y Sociales 31,* 61-78. Disponible en: https://ojs.uv.es/index.php/dces/article/view/8431

Amórtegui, E.F.C., Mayoral, O.G.B. & Gavidia, V.C. (2017). Aportaciones de las Prácticas de Campo en la formación del profesorado de Biología. *Didáctica de lasCienciasExperimentales y Sociales, 32*(1), 153-170. DOI: 10.7203/DCES.32.9940

Barea-Sánchez, Y., Cruz-Dávila, M., & Carrillo-Menocal, H. (2017). Procedimientos metodológicos para la realización de excursiones docentes integradoras en Ciencias. *Educación y Sociedad, 15*(3),108-116. Disponible en: http://revistas.unica.cu/index.php/edusoc/article/viewFile/579/pdf_71

Barraqué, G. (1991). *Metodología de la Enseñanza de la Geografía.* La Habana: Pueblo y Educación.

Barahona, A., & Almeida, L. (2005). *Educación para la conservación.* México, 1ª edición. Facultad de Ciencias, UNAM. Disponible en:http://repositorio.fciencias.unam.mx:8080/jspui/bitstream/11154/177711

Bermúdez, G.M.A.; De Longhi, A.L.,&Gavidia, V. (2016). El tratamiento de los bienes yservicios que aporta la biodiversidad en manuales de la educación secundaria española: un estudio epistemológico.Re*vista Eureka sobre Enseñanza y Divulgación de las Ciencias 13* (3), 527-543. Disponible en:http://hdl.handle.net/10498/18495

Bosque, R. (2004). *Propuesta inicial de estructuración didáctica de la excursión docente en la enseñanza de las Ciencias Naturales* [tesis de doctorado]. Instituto Superior Pedagógico "Enrique José Varona", La Habana, Cuba.

Carrillo Menocal, H., Cruz Dávila, M., & Cárdenas Martínez, J. R. (2020). Procedimientos metodológicos para integrar contenidos en las prácticas de campo. *Revista Universidad y Sociedad, 12*(6), 117-122.Disponible en: http://scielo.sld.cu/scielo.php?script=sci_arttext&pid=S2218620202000006001

Cohen, L., Manion, L., y Morrison, K. (2018). *Research methods in education* (8 thed.).Abingdon, Oxon: Routledge. Disponible en: https://www.routledge.com/Research-Methods-in-Education/Cohen.pdf

De La Cruz, L., & Pérez, N. (2020). El saber escolar en biodiversidad en clave para resignificar su enseñanza. Praxis & Saber, 11(27), e11167. Disponible en: https://doi.org/10.19053/22160159.v12.n28.2021.11167

Enkerlin, E. 2004. *"La conservación y la educación para la biodiversidad".* In: I Tallersobre Educación para la Biodiversidad. Jiutepec, Morelos. México.

Estévez, L., Cruz, M., & Carrillo, H. (2020). Contenidos integradores: una necesidad de las excursiones docentes en las Escuelas Pedagógicas. *Educación y Sociedad,* 18(1), 115-126.Disponible en: http://oaji.net/articles/2020/7431pdf

Espinoza, E. (2019). La dimensión ambiental en la enseñanza de las ciencias naturales en la Educación Básica. *Revista Científica Agroecosistemas, 7*(1), 105-113.Disponible en: https://aes.ucf.edu.cu/index.php/aes

Foresto, E. y Belén, R.(2020). Acercamientos a la conceptualización de la botánica: Un estudio con ingresantes de IngenieríaAgronómica. *Bio-grafía, Escritos sobre la Biología y su Enseñanza, 13*(25), 113-125. https:/doi.org/10.17227/bio-grafia.vol.13.num25-1232

Guerra, M. (2011). *Estrategia pedagógica orientada a la biodiversidad y su conservación en la formación de estudiantes de Ciencias Naturales.* [tesis de doctorado]. Universidad de Ciencias Pedagógicas "José Martí". Camagüey, Cuba.

Guzmán, N., Gutiérrez, J., Giral, A., Bosque, R.,& González, F. (2004). Algunas consideraciones acerca de las prácticas de campo en el proceso de enseñanza-aprendizaje de las Ciencias Naturales. En: *Apuntes para una didáctica de las Ciencias Naturales* (pp. 100-108). La Habana: Editorial Pueblo y Educación.

González, C. A. (2009). La importancia de la excursión didáctica y su planificación. Innovación y experiencias eduactivas. *Revista Didáctica Innovación y Experiencias Eduactivas, 17.*Disponible en: https://archivos.csif.es/archivos/.../pdf/

González-Gaudiano, É. (2002a). Educación ambiental para la biodiversidad: reflexiones sobre conceptos y prácticas. *Tópicos en Educación Ambiental* 4 (11),76-85.Disponible en:https://eaterciario.files.wordpress.com/2015/09/educacion-ambiental

González-Gaudiano, É. (2003b). Educación para la Biodiversidad. *Revista 'Agua y Desarrollo*

Sustentable', México, Gobierno del Estado de México. Junio,Vol. 1, Núm. 4. http://www.aguaydesarrollosustentable.com/

Greca, I.M., Díez-Ojeda, M.D., y Meneses-Villagrá, J.A. (2017). La formación en ciencias de los estudiantes del grado en maestro de Educación Primaria *Rev. Electr. Enseñanza de Ciencias 16, 231.* Disponible en: http://reec.uvigo.es/volumenes/volumen16/REEC_16_2_4_ex1068.pdf

Herrera, M. (2020). Saberes acerca de la biodiversidad en un escenario de educación no convencional. *Bio-grafía, 11*(22), 121-132. Disponible en: https://revistas.pedagogica.edu.co/index.phpbio-grafia/article

Hernández-Peña, A., Martínez-Pérez, C., Torres-Torres, I.,& Hernández-Pérez, L. (2012). La excursión integradora en la enseñanza aprendizaje de la carrera Biología-Geografía. *Ciencias Holguín, 18*(2). Disponible en: http://www.ciencias.holguin.cu/index.php/cien-

Iglesias Triana, L., Candano Acosta, M., & Alvarez García, B. (2020). Sistema de excursiones docentes para contribuir a la identidad nacional y local en SecundariaBásica. *Opuntia Brava, 12*(3), 278-294. Disponible en:http://opuntiabrava.ult.udu.cu/index.php/opuntiabrava/article/view10

Iribarren, L., Josiowicz, R., & Bonan, L. (2013). Educación para la conservación: realización de campamentos científicos en una reserva ecológica. *Revista De Educación En Biología, 16*(2), (pp.78–88). Disponible en: https://revistas.unc.edu.ar/index.php/revistaadbia/article/view/22400

Jardinot, M. L., Cardona, S. Y., Vázquez, V. L., & Cardona, S. C. (2017). La excursión docente en Biología décimo grado: su contribución a la educación ambiental de los estudiantes. *Monteverdia, 10*(2), 30-40. Disponible en:http://revistas.reduc.edu.cu/index.php/monteverdia/article/download/

Jacobson, S. & M. D. McDuff. (1998). Conservation education. Conservation science and action. UK: Blackwell Science.

López-Nicles, R. (2016). Polígono didáctico para el desarrollo de actividades prácticas en Ciencias Naturales. Universidad de Guantánamo, Cuba. *EduSol,16*(54), 100-110. Disponible en: http://www.652-texto%20del%20art%C3%ADculo-736-1-

Martínez, R., Turiño, L., &López, R. (2017). Excursiones para potenciar al conocimiento interdisciplinario desde la asignatura Geografía de Cuba. *Ciencia y Progreso2*(4), 33-46. Disponible en: http://estudiantes.cug.co.cu

Martínez Bernat, F. X., García Ferrandis, I. y García Gómez, J. (2019). Competencias para mejorar la argumentación y la toma de decisiones sobre conservación de la biodiversidad. *Enseñanza de las ciencias, 37*(1), 55-70.Disponible en: https://doi.org/10.5565/rev/ensciencias.2323

Méndez, I.,& Guerra, M. (2014). El reto de educar para la conservación de la biodiversidad, *Transformación X (1),* pp. 14-28, Camagüey. Disponible en: http://reduc.edu.cu

Melchor Orta, G.C., Ortega Asencio, A., Reyes Ravelo, M. (2021). "La excursión docente, un recurso para influir en escolares con desaprovechamiento escolar" *Mendive.Revista de Educación, 19*(1),458-475. Disponible en: https://mendive.upr.edu.cu/index.php/MendiveUPR/article/view/2214

Mohamed, M., Pérez, M.A., & Montero, M.A. (2017). Salidas pedagógicas como metodología de refuerzo en la Enseñanza Secundaria. *ReiDoCrea, 6*(3), 194-210. Disponible en:https://digibug.ugr.es/handle/10481/47156

Mora Granados, A. Y., Renata Alvarado, D.A. & Segura Castillo, M.A. (2021).La Botánica en estudiantes de Secundaria: una experiencia inclusiva de aprendizaje cooperativo a partir de sus intereses y habilidades sociales. *Revista de Educación En Biología, 24*(1), 70-86. Disponible en:https://revistas.unc.edu.ar/index.php/revistaadbia/article/view/29386

Mitre, B. (2009). Excursiones Didácticas. Escuela, 1-047. Disponible en:http://www.coloniaseducativas.mendo-za.edu.ar/aexcurso.htm

Pedrinaci, E. (2012). Trabajo de campo y aprendizaje de las ciencias. *Alambique Didáctica de las Ciencias Experimentales, 71*, 81-89. Disponible en: https://dialnet.unirioja.es/servlet/articulo?codigo=3890283

Primack, R. (2006). *A primer of conservation biology.* EEUU: SinauerAssociatesInc: 292. Disponible en:https://www.amazon.com/Primer-Conservation-Biology

Requena, Y. (2018). Investigación Acción Participativa y Educación Ambiental. *Revista Scientific, 3*(7), 289-308, e-ISSN: 2542-2987. Disponible en:https://doi.org/10.29394/Scientific.issn.2542-2987.2018.3.7.15.289-308

Rogel Romero, C. I., Yaguari Romero, J. B., & Carrión, B. Á. (2018). La excursión docente, una herramienta didáctica para la enseñanza-aprendizaje de las ciencias naturales. *Revista Conrado, 14*(65), 161-169. Disponible en: http://scielo.sld.cu/scielo.php?script=sci_arttext&pid=S1990

Salcedo I. M., Hernández M J. L., Del LLano M. M., MCferson S. M., &Daudinot B. I. (2002). *Didáctica de la Biología.* La Habana, Cuba: Editorial Pueblo y Educación.

Tal R.T., Morag O. (2009). Reflective Practice as a Means for Preparing to Teach Outdoors in an Ecological Garden.*Journal of Science Teacher Education 20*(3), 245-262.Disponible en: https://www.tandfonline.com/doi/abs/10.1007/s10972-009-9131-1

Torrano, F.; Fuentes, J. L. y Soria, M. (2017). Aprendizaje autorregulado: estado de la cuestión y retos psicopedagógicos. *Perfiles Educativos,39*(156), 160-173. Disponible en: http://www.scielo.org.mx/scielo.php?script=sci_arttext&pid=S018569820170

WikiHow. (2016). 4 formas de planear una excursión escolar. Disponible en: https://es.wikihow.com/pla-near-una-excursi%C3%B3n-escolar

La biodiversidad de la reserva ecológica el macío: sus potencialidades educativas[8]

La pérdida de biodiversidad y el deterioro de los ecosistemas asociado a esta se han convertido en una de las principales preocupaciones para la humanidad, como consecuencia de una crisis ambiental mundial originada, fundamentalmente, por un modelo de desarrollo científico-tecnológico acelerado que no es compatible con la naturaleza. De ahí el rol de la escuela en la búsqueda de soluciones para reorientar los procesos educativos en función de la conservación y el uso sostenible de la biodiversidad en cualquiera de los contextos donde el estudiante vive y desarrolla sus actividades. Entre ellos, las áreas protegidas del territorio se convierten en verdaderos espacios vivos de aprendizaje que atesoran valores arqueológicos, paisajísticos, florísticos, faunísticos, socioculturales e históricos y en los que se prestan múltiples servicios medioambientales, o sea, beneficios directos o indirectos, que pueden ser de carácter educativo, espiritual, recreativo, investigativo, científico, económico, ecológico, cultural o de otro tipo.

Lo expresado anteriormente ha traído consigo un número importante de investigaciones, concretamente en el Sistema Nacional de Educación cubano. Así las cosas, vale la pena mencionar algunos autores, como: Méndez, *et al.* (2015), Sánchez *et al.* (2017) y Enebral *et al.* (2017), García-Vásquez *et al.* (2020), quienes enfatizan a través de sus propuestas en el rol significativo que adquiere la escuela en su relación con las áreas protegidas del país para la educación ambiental de los y las estudiantes de los diferentes niveles educativos. Con respecto a los estudios efectuados en áreas protegidas y de manera particular en la Reserva Ecológica El Macío, en el municipio Pilón, se reportan los trabajos de campo realizados por Castell *et al.* (2011), García-González *et al.* (2016), Garbey Miranda *et al.* (2018) y Ángel *et al.* (2019), que dirigen sus estrategias a la clasificación de la flora, vegetación y la identificación de la problemática ambiental que más afecta a la biodiversidad del área.

A pesar de lo anterior, es preciso señalar que, en un diagnóstico realizado en 2021, a partir de la observación a clases y a otras actividades metodológicas que desarrollan los docentes en dos escuelas secundarias básicas y un preuniversitario del municipio Pilón, en la provincia Granma,

---

[8] Publicado originalmente en Revista *Bio-grafía: Escritos sobre la biología y su enseñanza*, *16*(31), 46-63. Disponible en: https://doi.org/10.17227/bio-grafia.vol.16.num31-19730

en Cuba, se identificaron evidencias de insuficiencias en el conocimiento por parte de los estudiantes hacer de la biodiversidad de flora y fauna endémica, de los valores a ellas asociados y, en consecuencia, del impacto que provocan algunas prácticas culturales en los ecosistemas terrestres y marinos.

Así las cosas, la enseñanza de los contenidos de biodiversidad de flora y fauna, se realizan de manera descontextualizada de la realidad ambiental próxima; se dirigen los estudios más al conocimiento de la fauna silvestre que al de las plantas y al de los factores que ejercen mayor presión y que amenazan las especies de la flora endémicas y amenazadas del área natural, lo que evidencia un enfoque reduccionista en el tratamiento integral de estos temas, de modo que queda incompleto el aprendizaje contextualizado de la biodiversidad como elemento significativo. Aspectos que coinciden con los aportes de García-Gómez y Martínez (2010), cuando sostienen que, las prácticas de enseñanza de la biodiversidad en el contexto escolar aún están limitadas a la transmisión de contenidos programáticos. Se desconoce que hacen parte del contexto.

En consecuencia, los contenidos de las asignaturas de ciencias naturales y otras poseen suficientes potencialidades para tratar desde un enfoque transversal la educación para la conservación de la biodiversidad, sin realizar profundas trasformaciones en los libros de textos y orientaciones metodológicas vigentes en los niveles educativos Secundaria Básica y Preuniversitario. Además de lo dicho hasta ahora, hay que añadir que, los y las docentes no cuentan en los departamentos docentes y bibliotecas de las escuelas con material didáctico que ofrezca de manera detallada, orientaciones precisas para el tratamiento contextualizado de la biodiversidad que presenta la Reserva Ecológica El Macío. Dicho tipo de recursos es necesario1 tanto en la planificación de actividades en el ámbito escolar como en el extraescolar, para la toma de conciencia en los estudiantes respecto a la conservación de la biodiversidad que habita en el territorio donde viven y se desarrollan.

Las valoraciones anteriores evidencian la necesidad de repensar en un enfoque de enseñanza de la biodiversidad más holístico, interdisciplinario, sistémico, integral, socioeconómico y contextualizado (García-Vázquez y Méndez, 2017), y al replanteamiento de estrategias y métodos de enseñanza como la experimentación y la observación directa —o mediada por instrumentos (Castro Moreno y Valbuena, 2018), de manera que permita fortalecer los procesos de aprendizaje en los estudiantes (De La Cruz y Pérez, 2020) y los modos de actuación en el entorno educativo y comunitario, a partir de tomar en consideración la interacción de los organismos entre sí y con su medio (García-Barros *et al.*, 2021).

Es por ello que, desde esta mirada en el ámbito educativo, surge la pregunta: ¿cómo abordar desde la Reserva Ecológica El Macío, la educación para la conservación de la biodiversidad en los estudiantes, de modo que superen la visión limitada y fragmentada que actualmente poseen de este escenario vivo de aprendizaje, y más bien pasen por un proceso de reflexión crítica que los lleve a formar actitudes sobre su realidad ambiental próxima, como base de su orientación valorativa?

Teniendo en cuenta la trascendencia de la problemática planteada y las necesidades de educación detectada para promover el aprendizaje contextualizado de la biodiversidad del territorio, la presente investigación tuvo como objetivo determinar las potencialidades de la Reserva Ecológica El Macío, en el municipio Pilón, provincia Granma, Cuba, a fin de que puedan ser consideradas con fines docentes para sensibilizar a los estudiantes de los niveles educativos Secundaria Básica y Preuniversitario en la educación para la conservación y el uso sostenible de la biodiversidad de su realidad ambiental próxima.

Materiales y métodos

En la investigación se asumió el enfoque cualitativo, orientado a ampliar el conocimiento de los fenómenos y a promover oportunidades para tomar decisiones informadas en la acción social (Iño, 2018,). El área natural seleccionada como polígono para la implementación de las actividades de educación ambiental diseñadas fue la Reserva Ecológica El Macío, la cual se encuentra ubicada en la costa sur de Cuba, específicamente, en el municipio Pilón, provincia Granma. Se seleccionó este escenario porque se encuentran ubicadas las escuelas secundarias básicas y el preuniversitario donde estudian los 25 estudiantes que forman parte de la muestra, así como por la cercanía de los barrios aledaños donde viven los estudiantes, asimismo, por la amplia riqueza de biodiversidad, accidentes geográficos y paisajes naturales que presenta.

Para la caracterización de la Reserva Ecológica El Macío, se tuvieron en cuenta los datos registrados por el Centro Nacional de Áreas Protegidas de Cuba (2015-2019) y los sumistrados por la Unidad Básica Empresarial para la Protección de la Flora y la Fauna del municipio Pilón. Concretamente, en ella se identificaron las especies de la biodiversidad florística y faunística, la clasificación de las formaciones vegetales existentes, la determinación de su distribución geográfica, el endemismo, la evaluación de las especies invasoras, en peligro, amenazadas, vulnerables y su estado de conservación, asimismo las potencialidades culturales, históricas, geográficas, económicas y educativas. El principal medio de recolección de datos e información se basó en la aplicación de encuestas, la observación directa y su registro en el diario de campo de los estudiantes.

El área de estudio se visitó al menos cuatro veces al año, en un periodo comprendido entre los años 2019 y 2022, con el acompañamiento de especialistas, docentes y estudiantes, fundamentalmente en los meses de noviembre-abril en los que predomina el periodo de seca y en los meses de mayo-octubre durante o después de la época lluviosa, en las cuales se observan un mayor número de especies de animales y de plantas con flores y frutos.

El rol del investigador en esta propuesta es el de acompañar la relación intencionada y significativa entre los participantes, así como facilitar el proceso de construcción de aprendizajes, de la problematización intelectual, ejercitación, reflexión constante y corrección de los posibles errores que se pudieran presentar en la apropiación de los contenidos relativos a la biodiversidad que habita en el área natural protegida. El papel de los estudiantes está dirigido a participar de manera activa y protagónica en las actividades de educación ambiental diseñadas para la apropiación de aprendizajes contextualizados y significativos relacionados con la biodiversidad de su realidad ambiental próxima.

El proceso de búsqueda y recopilación de la información incluyó, además, el estudio de varios artículos científicos relacionados con la temática través de los repositorios de revistas científicas en línea: SciELO, Clarivate's Web of Science (WOS) y Scopus de Elsevier. También se empleó un filtro que consistió en la búsqueda de palabras clave como: "biodiversidad", "impacto ambiental", "conservación", "educación ambiental", "especies endémicas", y "reserva ecológica". Toda la información relacionada con los artículos de investigación y de revisión consultados fue analizada, jerarquiza y contextualiza al tema central del trabajo.

Nociones generales sobre biodiversidad y la educación para su conservación

La biodiversidad es la forma sintética de denominar a la diversidad biológica que se utiliza para referirse a todas las formas de vida en la Tierra, su identidad, su variedad, su heterogeneidad e incluso sus interacciones, así como las formas de organización de las que forman parte (por ejemplo, poblaciones o comunidades), descriptas a diferentes escalas (Bermúdez y Longhi, 2015). De ahí que articula una red semántica hipercompleja, constituida no solo por los diversos significados, implicaciones y expectativas que genera la propia noción de biodiversidad (Van Weelie y Wals, 2002), sino también por los conceptos y la problemática que se le asocian (Martínez *et al.*, 2019).

Es por ello que, como sostienen Castro Moreno *et al.* (2021), la biodiversidad constituye un problema de conocimiento demasiado amplio e inextricable, que evidencia, justamente, la multiplicidad de formas de asumir este problema epistemológico, que no atañe a cada sujeto individualmente, sino que supone la traducción de prácticas sociales proveedoras de significados adicionales (Van Weelie y Boersma, 2018). En esta dirección y de acuerdo con De La Cruz y Pérez (2020), se configura, entonces, como un concepto que va más allá de lo biológico y que llega a impregnarse de las experiencias humanas del contacto con las otras formas de vida. De ahí que, se constituye en un insumo para la construcción del conocimiento y una mirada posible desde la pedagogía y el saber pedagógico (Herrera, 2020).

Respecto al concepto de educación para la conservación de la biodiversidad, se concibe como un proceso de diálogo, interactivo, sistémico, sistemático dirigido a la apropiación contextualizada de los conocimientos y al desarrollo de habilidades, hábitos, sentimientos, experiencias y valores del educando en función de garantizar la sostenibilidad de la biodiversidad de su entorno educativo y comunitario desde una perspectiva bioética. En ese orden de ideas, y siguiendo a Calixto Molinari (2022), la biodiversidad junto a las nociones de su conservación se constituye, entonces, en un conjunto de temáticas ineludibles vertebradoras y estructurantes, para el abordaje de la vida, desde una mirada más compleja y actualizada, frente a los desafíos que enfrenta la educación en estos tiempos. Para abordar este importante desafío, se propone como alternativa considerar la excursión a la naturaleza o práctica de campo como una forma de organización del proceso de enseñanza-aprendizaje de la biología, que se realiza fuera del aula (García-Vásquez *et al*, 2020).

Un acercamiento al Sistema Nacional de Áreas Protegidas en Cuba

En Cuba, según el Centro Nacional de Áreas Protegidas (CNAP, 2015-2019), existen alrededor de 216 áreas protegidas, distribuidas por todo el archipiélago cubano (figura 1). De estas, diez están ubicadas en la provincia de Granma. Estas tienen como objetivos fundamentales la conservación y uso sostenible de la diversidad biológica, así como de los valores histórico-culturales a ella asociados; asimismo se encargan también de mantener y manejar los recursos bióticos tanto terrestres como acuáticos, considerando la función vital que desempeñan en el equilibrio de los ecosistemas; conservar y rehabilitar los paisajes naturales y culturales, y servir de laboratorio natural y de marco lógico para el desarrollo de investigaciones; igualmente, se ocupan de mantener muestras representativas de las regiones biogeográficas y las bellezas escénicas más importantes del país, para asegurar la continuidad de los procesos evolutivos, incluyendo en estas áreas los sitios con importancia para la migración de especies (González *et al.*, s. f, p. 14).

De acuerdo con el Convenio sobre la Diversidad Biológica (Naciones Unidas, 1992), las áreas protegidas constituyen "un área geográficamente definida que está designada o regulada y gestionada para lograr específicos objetivos de conservación" (p. 3). Es decir, en las áreas protegidas confluyen distintas miradas sobre el territorio y su apropiación, que se encuentran desarticuladas y requieren apuestas educativas que permitan avanzar en la comprensión acerca de la importancia del cuidado y conservación de los ecosistemas en el país. La conservación de dichas áreas está ligada principalmente a la educación de las poblaciones autóctonas, quienes habitan en estos territorios (Rodríguez Cortés y Mora González, 2021).

En consecuencia, en Cuba el Sistema Nacional de Áreas Protegidas (SNAP), con excepción de las Regiones Especiales de Desarrollo Sostenible, tiene asignadas las categorías que se relacionan a continuación: Parque Nacional (PN); Reserva Natural (RN); Elemento Natural Destacado (END); Reserva Ecológica (RE); Reserva Florística Manejada (RFM); Refugio de Fauna (RF); Área Protegida de Recursos Manejados (APRM); Paisaje Natural Protegido (PNP).

De manera particular, la Reserva Ecológica (RE) constituye un área terrestre, marina o una combinación de ambas, en estado natural o seminatural, designada para proteger la integridad ecológica de ecosistemas o parte de ellos, de importancia internacional, regional o nacional y manejada principalmente con fines de conservación (González *et al.*, s. f.,). También contienen ecosistemas o parte de ellos materialmente poco alterados y ejemplos representativos de importantes regiones, características o escenarios naturales, en las cuales las especies de animales y plantas, los hábitat y los elementos geomorfológicos poseen especial importancia desde el punto de vista científico, educativo, recreativo y turístico.

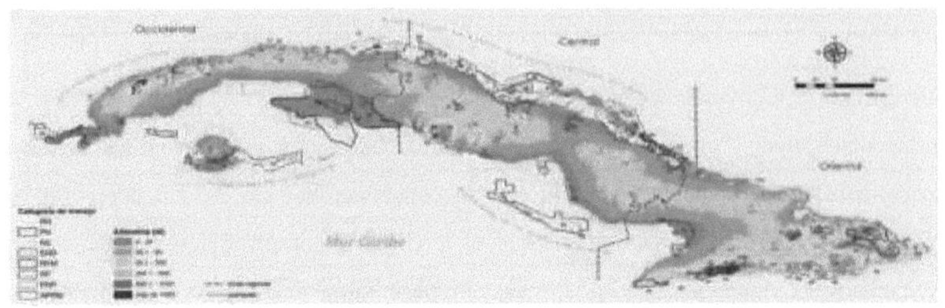

Figura 1. Ubicación físico-geográfica de las áreas protegidas de Cuba.
Fuente: *Catálogo de las áreas protegidas de Cuba* (Ruiz Plasencia *et al.*, 2019).

Breve descripción y ubicación físico-geográfica de la Reserva Ecológica El Macío

La Reserva Ecológica El Macío, se crea en 2001 y se aprueba legalmente por el Acuerdo n.° 7 233/2012 del Comité Ejecutivo del Consejo de Ministros de Cuba. Se localiza en la Región Oriental de Cuba, al sur de la Sierra Maestra occidental, en el municipio Pilón, en la provincia de Granma (figura 2). Ocupa 30 km de franja costera y territorio marítimo que limita al sur con la isobata -50 m. Las vías principales de acceso parten desde la ciudad de Manzanillo por el vial Manzanillo-Pilón y desde la ciudad de Santiago de Cuba hasta el municipio de Pilón (CNAP, 2015-2019).

Limita al oeste con el Parque Nacional Desembarco del Granma en las proximidades de la Ensenada de Mora, al este se extiende hasta las proximidades de Punta Peñón del Macho, y por tierra limita con la carretera Granma-Santiago de Cuba. La extensión superficial del área es de 14 310,00 ha, de ellas 1 365,00 ha terrestres y 12 945,00 ha marinas. La altitud promedio de la franja costera es de 20 m s. n. m. y posee un ancho variable, que oscila desde los 30 m en la zona de interfluvios hasta 1600 m en las llanuras aluviales que representan el 32 % de la superficie terrestre del área, con una pendiente suave que oscila entre 3 y 8 grados (CNAP, 2015-2019). La red fluvial del área drena hacia el Mar Caribe (El clima es característico de los ecosistemas costeros, donde la temperatura media anual en julio oscila entre los 26 °C y 28 °C y en enero entre los 22 °C y 24 °C (Ángel *et al.*, 2019).

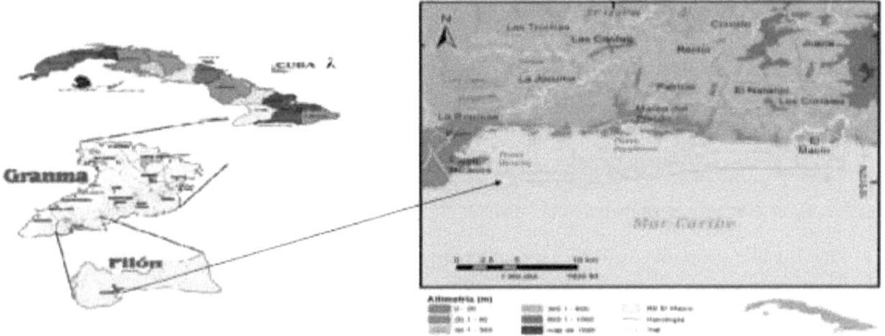

Figura 2. Ubicación físico-geográfica de la Reserva Ecológica El Macío.
Fuente: adaptado del *Catálogo de las áreas protegidas de Cuba* (Ruiz Plasencia *et al.*, 2019).

Resultados y discusión

Composición florística

La Reserva Ecológica El Macío se caracteriza por presentar una gran diversidad florística, compuesta por un total de 229 especies de fanerógamas, agrupadas en 199 géneros y 68 familias. Las más representadas son las familias Fabaceae, con 25 especies, seguida por Euphorbiaceae y Malvaceae, con 15 y 10 especies, respectivamente. Otras bien constituidas son Rubiaceae, Poaceae, Apocynaceae y Boraginaceae. Del total de valores de la flora, el 58 % (18) son especies endémicas, destacando el *Melocactus nagii,* especie endémica local que se encuentra muy bien representada en la reserva ecológica y en buen estado de conservación, así como el melón de costa (*Melocactus harlowii*), el cual, según García-González *et al.* (2016), constituye una prioridad como objeto de conservación en el área protegida, debido a que su población se encuentra amenazada por factores antrópicos y ambientales, que ponen en riesgo sus individuos.

En consecuencia, en el área se relatan otras especies amenazadas pertenecientes a la familia Cactaceae, tal es el caso por ejemplo del aguacate cimarrón (*Dendrocereus nudiflorus*), especie en peligro, y la tuna de cruz (*Consolea macracantha*), reportada como especie vulnerable. Las especies de rompezaragüey (*Chromolaena odorata*) y roble macho (*Tabebuia hypoleuca*) se encuentran reportadas en la categoría de casi amenazada. Se reportan también 2 especies angiospermas marinas y 51 especies de algas, las cuales no son endémicas ni presentan categoría de amenaza (CNAP, 2015-2019, p. 320).

Formaciones vegetales

Las formaciones vegetales existentes en la Reserva Ecológica El Macío están compuestas en lo fundamental por variedades de formaciones vegetales costeras como: bosque de mangles (manglar), el uveral, el matorral xeromorfo costero, los complejos de vegetación de costa rocosa y arenosa, así como la riqueza florística que en ellas se encierra y el bosque semideciduo micrófilo y el bosque semideciduo mesófilo como las de mayor relevancia, por su riqueza florística y endemismo de numerosas especies adaptadas a las características extremas afines con estas comunidades costeras que agrupan el 70 % de las especies y la totalidad de las plantas endémicas y amenazadas (Costa *et al.,* 2014).

Los manglares se encuentran bordeando toda la línea costera y están formados principalmente por especies que tipifican esta formación tales como: mangle rojo (*Rhizophora mangle* L.), mangle prieto (*Avicenia germinans* L.), patabán (*Laguncularia racemosa* L.) y yana *(Conocarpus erectus* L.; figura 3). Estas formaciones vegetales, se caracterizan por estar bien conservadas y por presentar una estrecha relación con los ecosistemas adyacentes; constituyen, a la vez, un sitio esencial de refugio de especies migratorias, residentes y endémicas de la fauna y para la reproducción. En este sentido, conforman una barrera natural que protege el litoral costero de la acción directa del mar y el viento. Por otro lado, los pastos marinos están formados principalmente por las fanerógamas *T. testudinum* y en algunos sitios el pasto es mixto con *S. filiforme.* La cobertura del sustrato por fanerógamas es homogénea y alta, con valores que oscilan entre 70 %-90 %.

En consecuencia, se presentan numerosos uverales o bosques de uva de caleta (*Coccoloba uvifera*) asociados con pequeñas palmas (*Coccothrinax* sp.) y almácigo (*Bursera simaruba*). La costa abrasiva o cársicas (rocosas) que pueden ser altas o bajas, alternando con pequeñas playas arenosas. En opinión de Ángel *et al.,* (2019), de las especies de valor maderable, once son susceptibles a la explotación y cinco de ellas requieren control y supervisión constante, son los casos de: baría *(Cordia gerascanthus* L.), almácigo *(Bursera simaruba* L.) *Sarg,* jocuma *(Sideroxylon salicifolium* L.), yana *(Conocarpus erectus* L.) y patabán *(Laguncularia racemosa* L.). En las áreas más cercanas al mar la vegetación está constituida principalmente por plantas suculentas, hiervas y arbustos. El tipo de vegetación de costa rocosa se desarrolla de manera discontinua a lo largo del área y las formaciones vegetales secundarias conocidas como vegetación ruderal y vegetación segetal, que están asociadas fundamentalmente a los asentamientos humanos que viven en las áreas limítrofes o cercanas al área, bordes de caminos, o en las parcelas de cultivos de plantas de uva parra, plátano y cebolla.

Figura 3. Formaciones vegetales de la Reserva Ecológica El Macio. Fuente: Centro Nacional de Áreas Protegidas (2015-2019).

Fauna

En lo que respecta a la fauna terrestre, se han listado, según Ruiz Plasencia *et al.* (2019), 278 especies, siendo el grupo de las aves el más numeroso de los estudiados, con 155 especies; de ellas, 133 son consideradas comunes dentro del país y catorce de estas últimas se catalogan como raras: el pato chorizo (*Oxyura jamaicensis*), el gavilán cola de tijera (*Elanoides forficatus*), el colibrí (*Archilochus colubris*) y el zunzuncito (*Mellisuga helenae*). Desde el punto de vista de la conservación la especie de camao o azulona (*Geotrygon caniceps*), sus poblaciones son muy pequeñas y tienen numerosas causas de amenaza, sobre todo, destrucción del hábitat, caza furtiva e introducción de especies.

En cuanto a las aves, suelen estar presentes numerosas especies tanto acuáticas como terrestres que usan estas áreas como sitios de reproducción, alimentación, nidificación y descanso. Entre ellas destacan, zarapicos, pequeñas zancudas y gaviotas en su gran mayoría especies migratorias neárticas y las especies consideradas terrestres como la torcaza cuellimorada (*Patagioen assquamosa*), palomas (*Zenaida*s sp.), totí (*Dives atroviolaceus*), mayito (*Agelaius humeralis*), hachuela (*Quiscalus niger*) y solibio (*Icterus dominicensis*). En este mismo sentido, en los acantilados costeros se observan sitios importantes de reproducción y refugio de las subespecies endémicas: vencejo negro (*Cypseloides niger*) y vencejo de collar (*Streptoprocne zonaris*; figura

3).

a) Iguana *(Cyclura nubila)*. b) Manatí antillano *(Trichechus manatus)*. c) Pedorrera o cartacuba *(Todus multicolor)*. d) Hierba de tortuga *(Thalassia testudinum)*.
Figura 4. Algunos valores naturales significativos de la Reserva Ecológica El Macío
Fuente: Centro Nacional de Áreas Protegidas (2015-2019).

Por otra parte, las costas que tienen la influencia directa del mar están cubiertas de vegetación denominada matorral xeromorfo costero, donde se presentan especies arbustivas microfilas; en estos extensos territorios habitan numerosas especies de paseriformes, sobre todo de la familia Parulidae de los géneros Parula, Dendroica y Seiurus, y la especie endémica de la familia Sylviidae Sinsontillo *(Polioptila lembeyei)* que estuvo cercana a considerarse amenazada. En cuanto a las zonas rocosas y de arena del intermareal (zona del litoral que se ubica entre los límites de las mareas altas y bajas), se puede observar una amplia biodiversidad marina, entre la que se encuentran: equinodermos (estrellas de mar, erizos), moluscos (almejas, caracoles, pulpos, quitones), crustáceos (jaibas, cangrejos), cnidarios (anémonas o "potos de mar"), cordados (peces) y algas (pardas, verdes), entre otros.

De las catorce especies consideradas amenazadas en el territorio nacional, hay posibilidades reales de que existan seis especies en el área. Las endémicas amenazadas gavilán colilargo (*Accipiter gundlachi)*, paloma perdiz *(Starnoenas cyanocephala),* catey (*Aratingaeuops)* y la residente remanente torcaza boba (*Patagioenas inornata)*. El cao montero *(Corvusnasicus*) a nivel nacional no está considerado amenazado, pero por decrementos no documentados de sus poblaciones y por el total desconocimiento de las causas de estas disminuciones locales, es aconsejable considerarlo amenazado en el territorio de estudio. El perico o cotorra *(Amazona leucocephala*) es un ave a tener en cuenta, pues hay potencialidades reales de que existan en estado silvestre en el área. Las poblaciones de esta ave se encuentran en franco decrecimiento por su uso como animal de compañía.

Respecto a la zona marina de la reserva ecológica, se destacan algunas especies de la ictiofauna, con 142 especies, pertenecientes a 75 géneros de 41 familias y 11 órdenes. Entre las especies de interés para la conservación se encuentran *Epinephelus striatus*, en peligro (EN); las especies *Lutjanusanalis, L. cyanopterus, Lachnolaimus maximus* y *Balistes vetula*, vulnerables (VU); *Mycteroperca bonaci* y *M. venenosa*, casi amenazada (NT). (CNAP, 2015-2019, En los biotopos marinos existe una gran diversidad y conectividad de hábitats (pastos marinos, manglares y arrecifes coralinos). Se reportan también, cuarenta especies de corales pétreos pertenecientes a dos órdenes, once familias y diecinueve géneros.

Por consiguiente, estos tres ecosistemas constituyen una unidad con relaciones muy estrechas e intercambio de energía que garantiza su funcionamiento y se bien representados en toda el área de estudio que ocupa una extensión de 30 km aproximadamente. Se estima un total de 24 individuos del mamífero marino, manatí antillano (*Trichechus manatus)*, ocho en Ensenada de Mora, cinco adultos y tres crías; diez en la desembocadura del río Mota, ocho adultos y dos crías; seis en la zona costera de Marea del Portillo. Así mismo no existen estudios de impacto ambiental en el área donde se desarrollan los mismos, por lo que se desconoce el pronóstico de vida, respecto al hábitat actual de la especie y la posible influencia antrópica que hoy recibe. A ello se une la no existencia de una cultura ambiental adecuada en los pobladores del entorno que garantice la protección de la especies. Dentro del grupo de los mamíferos, se reporta como endémica a la jutia conga.

En lo referente a los corales pétreos, se encuentran nueve especies incluidas en la Lista Roja de la Unión Internacional para la Conservación de la Naturaleza (UICN). Los arrecifes coralinos muestran heterogeneidad de sustratos, gradientes de profundidad y complejidad estructural favorables para el desarrollo adecuado de las especies de peces de arrecife. Las crestas coralinas son discontinuas y generalmente muy cercanas a la costa. Se observan a partir de la zona de Marea del Portillo, estando ausentes hacia el este del área. Carecen en la mayoría de las ocasiones de zona trasera y laguna arrecifal, excepto en la región más occidental. La zona frontal de las crestas presenta un desarrollo peculiar, pues al inicio posee un escarpe con pendiente brusca de hasta 8-12 m de profundidad con un relieve muy heterogéneo y abundantes oquedades. Los manglares y pastos marinos presentan una abundancia alta de juveniles de diversas especies de peces lo que los identifica como sitios de crianza.

Respecto a los anfibios, se destacan dos géneros con tres especies, *Eleutherodactylus dimidiatus, Eleutherodactylus ionthus,* todos endémicos. De igual modo son endémicos los reptiles identificados con seis géneros y ocho especies: *Antillophis andreai, Diploglossus delasagra, Ameiba auveri, Leiocephalus macrotus, Chamaleolis guamuhaya, Anolis porcatus, Anolis allisoni, Anolis altitudinales.* El orden Lepidoptera es uno de los más relevantes por su riqueza de especies, en general. Las mariposas son muy abundantes en toda Cuba, son consideradas el segundo orden de la clase insecta que presentan gran diversidad en los ecosistemas terrestres.

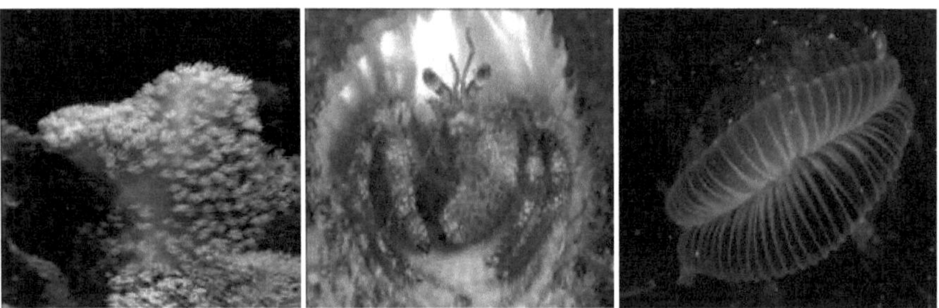

Figura 5. Arrecifes de coral de la Reserva Ecológica El Macío

Fuente: Naturaleza secreta de Cuba (2023).

En este sentido, el área cuanta con cinco familias, con 28 géneros, seis especies y 32 subespecies, de las cuales diez son endémicas. Las poblaciones de mariposas diurnas en general se observan en gran abundancia. Respecto al orden arácnidos, destaca un total de cuatro familias, siete géneros y diez especies, repartidos como sigue: Scorpiones, Amblypygi y Schizomida. Un escorpión (*Alayotityus* sp.) aparentemente constituye una especie nueva para la ciencia y otras dos especies (el escorpión *Centruroide snigropunctatus* y amblipigio *Phrynushi spaniolae*), y representan nuevos registros para la provincia de Granma. Todos estos valores naturales representan objetos importantes de conservación.

Por otra parte, los moluscos terrestres cuentan con cuatro especies endémicos cubanos. De estas, una es prosobranquio y las tres restantes son pulmonadas. Entre las especies más representativas destacan: *Parachondria* (*Parachondria*) *textus portillensis*, *Cerion* (*Strophiops*) *ramsdeni portillonis* con amplía distribución en el Bosque de Mangles en Punta Farallones, Marea del Portillo, Pilón Granma, Zachrysia (*Chrysias*) *bayamensis,* que pueden ser observadas debajo de piedras, troncos caídos y entre la hojarasca del suelo, aunque en las temporadas de lluvia o de seca muy intensas se les puede encontrar a baja altura sobre los árboles y los paredones calcáreos como por ejemplo, *Coryda alauda dennisoni y* gallito *(Caracolus sagemon sagemon).* De manera general, en el área no se aprecian hasta el presente episodios de extinciones locales.

Como valor agregado al área natural protegida se encuentra un jardín de cactus, ubicado en el poblado de Punta de Piedra, al sureste del municipio Pilón, en la provincia Granma, aproximadamente a 10.0 km de la cabecera municipal en la carretera Granma, con una extensión de 2.0 ha. Fue fundado en 1985 y tiene como misión fundamental la conservación de la biodiversidad florística y la educación ambiental. Entre sus valores naturales exhibe 1050 especies distribuidas en ocho familias de Agaves, quince cactus cubanos (*Dendrocereus nudiflorus, Melocactus naggi, Rhodocactus cubensis, Acantocereus tetragonus*), ocho especies de opuntias, dos especies de aloe vera, 1 especie de palma cana y 63 especies de árboles maderables (baria, frijolillo, almacigo, piche jutia, yamaquei, manzanillo, ébano negro, Brasil, guamá hediondo), por solo citar algunos, así como valores escénicos y abundante fauna con presencia de endémicos que le brindan al escenario esplendor y belleza típica de zonas desérticas y semidesérticas que reúnen plantas peculiares con increíbles adaptaciones que le permiten resistir las intensas sequías. El escenario invita a los visitantes a una agradable estancia entre las montañas y el mar.

Valor cultural, económico y educativo de la Reserva Ecológica El Macío

En áreas aledañas o limítrofes a la Reserva Ecológica El Macío, se encuentran ubicadas trece comunidades próximas a la costa, con riesgos de inundación costera a mediano y largo plazo. Es por ello que, los especialistas de la Unidad Básica Empresarial para la Protección de la Flora y la Fauna y las escuelas del municipio Pilón desarrollan diferentes proyectos relacionados con la educación ambiental, vigilancia y protección del patrimonio natural, atendiendo al grado de vulnerabilidad que presentan los ecosistemas y la diversidad biológica que habita en estas comunidades. De ahí la importancia y voluntad política que muestra el Gobierno cubano para adoptar medidas de mitigación y adaptación al cambio climático, especialmente en los asentamientos más vulnerables del país; es el caso, por ejemplo, de las comunidades costeras que forman parte de la reserva ecológica objeto de estudio, como parte del Plan de Estado de la República de Cuba para el enfrentamiento al cambio climático "Tarea vida" (Ministerio de Ciencia, Tecnología y Medio Ambiente [CITMA], 2017).

Desde el punto de vista cultural, en el área se evidencian fuertes tradiciones locales; tal es el caso, por ejemplo, de los bailes populares como el son, el vallenato, la cumbia, la guaracha, la música mexicana, la rumba, el casino y el órgano oriental, así como las corridas de cintas que se realizan a caballo en algunas comunidades aledañas a la reserva ecológica. Se practica la religión sincrética: el espiritismo de cordón y la santería, asimismo, otras religiones como la católica y metodista. Respecto a los principales renglones económicos del área protegida destacan la ganadería mayor y menor, los cultivos varios, la actividad forestal, la pesca deportiva, la apicultura y el turismo como una importante actividad económica que genera ingresos, empleo y el disfrute a través del desarrollo del ecoturismo y el turismo rural comunitario, en plena armonía con los valores que atesora la reserva ecológica.

En el orden educativo, posee amplias potencialidades que favorecen el logro en los estudiantes de los niveles educativos Secundaria Básica y Preuniversitario de aprendizajes contextualizados y significativos de algunos contenidos relacionados con la geografía, la historia y las ciencias naturales. En este sentido, según los datos proporcionados por el CNAP (2015-2019), desde el punto de vista geográfico, en ella los estudiantes pueden conocer los acontecimientos geológicos ocurridos en la etapa Paleoceno-Eoceno medio, entre 65 y 45 millones de años, en la que se produjo en el territorio un proceso vulcanógeno-sedimentario, debido a la actividad de volcanes submarinos y al aporte de materiales terrígenos desde las áreas emergidas o desde zonas prominentes del relieve sumergido. Se evidencian además dos geoformas del relieve: la llanura abrasivo-acumulativo algo ondulada y plana, extendida de este a oeste, y las montañas de bloques escalonados en monoclinales e intrusiones, formas del relieve el que se caracteriza por ser muy irregular, con pendientes medianamente fuertes.

Desde el punto de vista histórico, los/as estudiantes pueden conocer la significación histórica que posee el área natural protegida, al haber sido el escenario fundamental de la última de nuestras guerras de liberación. En esta línea, según la historia de la localidad, Punta Farallones como acidente geografico que forma parte del área, fue empleado como fortaleza española en la costa sur oriental de Cuba para proteger a la población y evitar el contrabando de maderas que realizaban los corsarios, piratas holandeses, franceses e ingleses de la epoca.

Impactos y amenazas sobre la biodiversidad de la Reserva Ecológica El Macío

Al momento de reflexionar sobre las actividades antrópicas, es muy importante comenzar por desentrañar aquello que subyace las actividades humanas, entendiendo que al mencionar actividades antrópicas se alude sin distinción a todas las acciones que el ser humano realiza y que impactan sobre el medioambiente donde las lleva a cabo (Roldán Villanueva, 2021). De ahí que, entre las actividades antrópicas más notables que constituyen amenazas para la biodiversidad de la Reserva Ecológica El Macío destacan, por ejemplo, la extracción de arena del río y el mar, compactación y erosión del suelo, la introducción y cultivo de plantas para el consumo humano, aumento de especies ruderales a causa del pastoreo extensivo de ganado bobino, ovino y caprino, la caza y pesca ilegal de algunas especies endémicas; asimismo, la fragmentación del hábitat natural, la tala de árboles de manera indiscriminada para la elaboración de hornos de carbón vegetal, la construcción de caminos dentro o limítrofe al bosque de manglar, lo que provoca afectaciones a las formaciones vegetales, a las cuales se suman la existencia en algunas zonas de microbasurales, como resultado de las actividades domésticas.

En consecuencia, se observa también la disminución y modificación de la cobertura vegetal, el empleo de productos químicos en actividades agrícolas, con énfasis en el cultivo de la cebolla, el uso irracional de fuentes subterráneas de agua dulce para el riego de los cultivos, limitada conciencia y educación ambiental de la población, la contaminación por plástico como resultado de la acumulación de los residuos de basura que se acumulan en la orilla del litoral costero proveniente de las corrientes marinas lo que afecta de manera directa a la biodiversidad marina de esta zona. Entre las especies de plantas invasoras más abundantes que constituyen fuerte presión para la estabilidad y el crecimiento de las especies de la flora endémicas y amenazadas del área destacan: el marabú (*Dichrostachys cinerea*), leucaena (*Leucaena leucocephala*), yagrumón (*Sheffera morotoni*), guárana (*Cupania americana*), añil cimarrón (*Calotropis gigantea*), aromo (*Acacia atramentaria*), henequén (*Agave fourcroydes*), Casuarina (*Casuarina equisetifolia*), acasia (*Acasia fernasiana*), y como especie expansiva, el sauco cimarrón (*Turpinia paniculata*). Entre las especies de animales que pueden dominar y ejercer presión en los ecosistemas se encuentran la mangosta, mal llamada "hurón", la araña parda del Mediterráneo y la chinche harinosa.

Lo anterior ejemplifica que la acción antrópica de determinados grupos humanos que viven en las comunidades aledañas o limítrofes a la Reserva Ecológica El Macío constituye un factor detonante que puede incidir en el equilibrio ambiental de los ecosistemas en los que habita una amplia biodiversidad que se busca conservar, a partir de que atesora un alto endemismo de flora y fauna, condicionado por las características geomorfológicas, edáficas y de formaciones vegetales, y por su impacto sobre los procesos de desarrollo local que impactan en la vida de los ciudadanos. Todo esto implica una nueva cultura ambiental y una forma de repensar nuestras relaciones con la biodiversidad que habita en la realidad ambiental próxima, basada en el respeto, corresponsabilidad y toma de conciencia sobre los problemas ambientales de su localidad, de manera que permita preservar el ambiente y la biodiversidad en general, con sus valores a ella asociados.

[T3] Descripción de la secuencia didáctica y resultados a destacar

Considerando las ideas expuestas, se propone a continuación, la estructuración de una secuencia didáctica como complemento o refuerzo del proceso de enseñanza-aprendizaje que tiene lugar en la escuela (Aguilera, 2018); en cada una se plantean elementos conceptuales, procedimentales y actitudinales que permiten al estudiante sistematizar o consolidar los contenidos relativos a la biodiversidad para lograr aprendizajes contextualizados y significativos, sin olvidar la interrelación entre plantas, ser humano y sociedad (Foresto y Belén, 2020); todo lo cual sienta las bases para la transformación de sus modos de actuación que se expresan en las formas de comprender el mundo y de cuidarlo, como sostiene Pérez Mesa (2019).

En consecuencia, las acciones educativas ambientales diseñadas como parte de la secuencia didáctica están sustentadas en núcleos básicos de contenidos teóricos y prácticos articulados con las distintas asignaturas que permiten recuperar y abordar desde en un enfoque transversal, interdisciplinario, ecosistémico, explicativo integrador sistémico y bioético las exigencias de la educación ambiental orientada al desarrollo sostenible. Los núcleos básicos de contenidos seleccionados son los siguientes: "relación entre los organismos y sus interacciones con el medio ambiente", "problemáticas ambientales que afectan a la biodiversidad local", "participación activa del estudiante en actividades para solucionar o minimizar el impacto ambiental que generan algunas prácticas culturales". Estos núcleos básicos de contenidos orientan la estructuración didáctica de la excursión a la naturaleza propuesta, de acuerdo a una secuencia de momentos establecidos para el desarrollo de aprendizajes significativos.

Esta se organizó en tres momentos: de preparación, de desarrollo y de cierre a partir de una excursión a la naturaleza como forma organización del proceso de enseñanza-aprendizaje de la biología que se realiza fuera del aula y que tributa directamente a la consecución de los objetivos del nivel educativo Secundaria Básica y Preuniversitario y del grado. Esta se desarrolló en una sesión interactiva en horas tempranas de la mañana e integrada con los contenidos relacionados con la enseñanza de la biodiversidad en las asignaturas de Biología octavo grado y duodécimo grado en el nivel educativo Secundaria Básica y Preuniversitario.

Las competencias básicas a desarrollar en los participantes son las siguientes:

- Competencia indagación sistemática de la biodiversidad.
- Competencia matemática y computacional.
- Competencia en la autonomía e iniciativa personal y colectiva.

- Competencia para aprender a aprender en el entorno educativo y comunitario.
- Competencia en la gestión y manejo de la información.
- Competencia en comunicación oral y escrita.
- Competencia sociocultural y artística.
- Competencia en el comportamiento social y desempeño el entorno ambiental.

Primer momento de diagnóstico y sensibilización

Objetivos

- Familiarizar a los estudiantes con la biodiversidad de la Reserva Ecológica El Macío, así como potenciar la integración del aspecto natural, económico, sociocultural, histórico y educativo.
- Concienciar y sensibilizar en la importancia y conservación de la biodiversidad.
- Motivar hacia el aprendizaje de la biodiversidad local de manera contextualizada.
- Determinar el nivel de conocimientos y potencialidades de los estudiantes.

Las acciones a realizar por los/as docentes son las siguientes:

1. Realizar el diagnóstico psicopedagógico del grupo estudiantil a través de encuestas para conocer sus inquietudes, necesidades de apropiación de nuevos conocimientos, motivaciones, habilidades e intereses.
2. Identificar los contenidos que serán objeto de estudio, los objetivos a alcanzar del nivel educativo y el grado, así como el establecimiento de relaciones interdisciplinarias en su relación con los núcleos básicos del contenido.
3. Realizar el análisis metodológico de las potencialidades de las diferentes asignaturas para, desde sus contenidos, contribuir a la educación para la conservación de la biodiversidad desde las áreas protegidas del territorio.
4. Elaborar el estudio y análisis de los principales documentos normativos, bibliografía o de materiales audiovisuales (filmes, videos, documentales) a emplear.
5. Planificar la excursión a la naturaleza o prática de campo para sistematizar o consolidar los contenidos relativos a la biodiversidad.
6. Visitar previamente el escenario natural antes de la realización de la actividad.
7. Planificar cuándo se realizará la excursión, dónde y cómo se evaluará la actividad práctica biológica (oral, escrita a través de informe, exposiciones, debates, talleres, resumen) sobre la base de los resultados del diagnóstico.
8. Precisar el conocimiento informado de los padres, lugar, horario de salida y de regreso,

los medios y lugares a visitar, tipo de vestuario, alimentación, tiempo de duración de las actividades, recursos necesarios y participantes.

9. Crear las condiciones psicológicas entre los/as participantes que participarán en las actividades.
10. Prever los materiales e instrumentos de apoyo a emplear por los participantes en la actividad (binoculares, cámara fotográfica, teléfono móvil, lupa, cuchillas, bolsas de nylon, recipientes, etiquetas).
11. Elaborar la guía de excursión que facilitará el trabajo según los objetivos previstos y concretar cómo operar en la práctica con el registro de campo.

Segundo momento de desarrollo ¿cómo abordar la biodiversidad?

Objetivos

- Identificar las principales afectaciones a la biodiversidad y la interrelación ser humano-naturaleza y sus impactos en los recursos naturales.
- Analizar posibles causas y consecuencias de dichos problemas.
- Actitudes ambientales hacia la conservación de la biodiversidad.
- Identificar los distintos ecosistemas presentes en el área en cuestión.
- Adquirir aptitudes para resolver problemas ambientales y proponer medidas para su disminución o eliminación.
- Divulgar los valores naturales, históricos y patrimoniales asociados a la biodiversidad a partir de textos orales, escritos, audiovisuales, entre otras iniciativas.

Las acciones a realizar por parte de los estudiantes son las siguientes:

- Realizar la ubicación físico-geográfica del área natural protegida a través de un mapa, teléfono móvil o brújula.
- Medir la temperatura del lugar, la dirección del viento, los periodos de lluvia y seca, observar la iluminación, humedad, las fuentes de agua, estado del tiempo (día nublado, lluvioso y soleado), el trabajo con mapas; establecer la relación clima-vegetación-fauna.
- Observar las especies de plantas que se encuentran agrupadas en torno a un lugar con mayor humedad, o las que están solamente donde llega más el sol o el viento con la ayuda del profesor y del especialista en educación ambiental de la Reserva Ecológica, asimismo, las formas de los órganos vegetativos y reproductores de las plantas (raíz, tallo, hoja, flores, frutos y semillas).

- Observar los sitios de descanso de los animales y sus relaciones en la naturaleza, manera de trasladarse de un lugar a otro, diversidad, distribución y adaptaciones ecológicas de las especies, formas de alimentación, reproducción y principales amenazas a los que están sometidos. Adicionalmente, tomar fotografías o hacer dibujos y anotaciones de terreno puede ser muy útil si se desea posteriormente identificar algunas de las especies encontradas.
- Revisar con detenimiento debajo de las piedras, entre la vegetación, las hojas caídas, en los troncos, las ramas de los árboles y en los alrededores, respetando siempre la integridad y dinámica de los ecosistemas en el medio. Responder: ¿qué características y adaptaciones presentan los organismos que allí viven? (pueden auxiliarse de pinzas, de la lupa o teléfono móvil, si fuera necesario).
- Observar los principales impactos que genera la producción silvoagropecuaria en los ecosistemas del área natural y en la biodiversidad.
- Investigar sobre la historia del río El Macío, que da nombre a la Reserva Ecológica, ya que constituye el río más importante tanto por sus dimensiones como por su aporte a la biodiversidad del municipio Pilón.
- Estudiar desde el punto de vista geográfico, los principales acontecimientos geológicos ocurridos en el área, asimismo la significación histórica social y los valores culturales locales que atesoran las comunidadedes.
- Socializar los saberes y experiencias vividas en la escuela y la comunidad con la participación de los compañeros de grupo, los padres, familiares, docentes y directivos, a través de varias iniciativas.
- Valoración crítica y la autocrítica acerca del trabajo en equipo realizado y de los logros y dificultades alcanzados.
- Socializar criterios y puntos de vistas, a partir de la recopilación y valoración de las experiencias registradas en el diario de campo.
- Autoevaluación del aprendizaje y el desempeño alcanzado en cada una de las acciones de la excursión.

Tercer momento de cierre y evaluación

Objetivos

- Evaluar los logros y dificultades alcanzados por los estudiantes en el proceso de educación para la conservación de la biodiversidad desde el tratamiento al contenido que ofrece el área natural protegida.

- Evaluar las habilidades comunicativas y los argumentos de las opiniones a partir del trabajo individual y colectivo.

Las acciones a realizar por los docentes son las siguientes:

- Evaluación de las competencias adquiridas por los estudiantes.
- Evaluación del nivel de satisfacción de estudiantes, profesores y directivos.
- Evaluación de la efectividad de las acciones realizadas con vista al perfeccionamiento, rediseño, modificaciones y adecuaciones necesarias de la secuencia didáctica elaborada.

Presentados los elementos anteriores, a continuación, se describen los aspectos generales encontrados a partir del análisis de los momentos de la secuencia didáctica.

Primer momento de diagnóstico y sensibilización

De manera general, los resultados del diagnóstico inicial aplicado a los estudiantes de la muestra a través de una encuesta arrojó los siguientes resultados: existen limitaciones en el conocimiento de la problemática ambiental local y de las especies endémicas de flora y fauna, así como del vínculo con el entorno ambiental a través de excursiones a la naturaleza o prácticas de campo; el contenido educativo de las áreas protegidas del territorio es poco tratado de manera transversal por las diferentes asignaturas de Ciencias Naturales; y en las actividades extradocentes y extracurriculares, se evidencia un marcado interés y disposición a participar en acciones de educación ambiental dirigidas a mitigar los impactos negativos que provocan algunas prácticas en la biodiversidad del territorio.

Segundo momento de desarrollo. ¿Cómo abordar la biodiversidad?

En este momento, los estudiantes implicados lograron ubicar en el mapa de la localidad la reserva ecológica objeto de estudio y realizaron la orientación en el terreno con la ayuda de una brújula. Para los participantes tuvo especial significación la observación e identificación de la representatividad de la biodiversidad de flora y fauna del área natural protegida, la cual resultó de mucha motivación e interés. Se logró además, estimular la sensibilidad y comprensión por los problemas ambientales advertidos en área natural, generados fundamentalmente, por el comportamiento humano, todo lo cual posibilitó la formación de un sistema de valores y actitudes que posibilitaron la regulación de los modos de actuación en el entorno ambiental.

Por otra parte, los participantes realizaron la caracterización de la comunidad con el apoyo de especialistas, líderes comunitarios y el docente a partir de identificar los valores socioculturales, geográficos e históricos asociados a la biodiversidad, los principales renglones económicos del área como la ganadería mayor y menor, los cultivos varios, la actividad forestal, la pesca deportiva, la apicultura y el turismo como una importante actividad económica que genera ingresos, empleo y el disfrute a través del desarrollo del ecoturismo y el turismo rural comunitario, en plena armonía con los valores que atesora el área. En consecuencia, se lograron avances en la concientización sobre la riqueza de la biodiversidad, de su patrimonio asociado y su problemática, para así contribuir a generar un sentido de pertenencia e identidad local, con el fin de potenciar la actitud de interés por el entorno natural y la acción para su mejora y conservación de las especies y ecosistemas o solucionar problemas ambientales.

Los participantes lograron socializar los saberes y experiencias vividas en una sesión docente planificada en la escuela con la participación de los padres, familiares, docentes y directivos, a través de presentaciones en pósteres, Power Point y la divulgación en las diferentes redes sociales (Messenger, Facebook y Twitter), así como crean un listado de las "Top 10" especies animales y vegetales más amenazadas en la reserva ecológica, y las medidas que se sugieren para su conservación y uso sostenible, a través de videos, folletos, sitios web, etcétera.

Otras iniciativas fueron divulgados a través de concursos de conocimientos en diferentes modalidades como: pintura, artes plásticas, literatura, poesías, teatro, fotografías, música, etc.; estos fueron presentados a través de los matutinos, vespertinos, conversatorios, tertulias, mesas redondas, exposiciones, entre otras iniciativas, que permitieron capacitarlos para la acción y el cambio de aptitudes, así como provocar reflexiones sobre problemas ambientales que afectan a la biodiversidad en el área natural protegida, como expresión de competencia cultural y artística desarrollada. Se conmemoraron efemérides ambientales, como el Día Nacional de las Áreas Protegidas, con énfasis en la fecha de creación de la Reserva Ecológica El Macío y el de la Biodiversidad.

Tercer momento de cierre y evaluación

Una vez realizada la actividad práctica en el área natural protegida, se vuelve aplicar la encuesta inicial a los participantes para comparar los resultados en el orden cognitivo, procedimental y conductual. De manera general, se pudieron observar transformaciones en el desarrollo de algunas competencias como: la comunicación lingüística partir del uso correcto del lenguaje oral y escrito como vehículo de aprendizaje y expresión y control de conductas y emociones de los participantes, la capacidad de resolver problemas en el entorno ambiental, la búsqueda de información, la indagación, reconocer y respetar las diferencias de creencias, culturales y religiosas de la comunidad, respetar los deberes cívicos, aprender a enfrentarse a los problemas y buscar las soluciones más adecuadas en cada momento, así como la competencia en la búsqueda de la información y el procesamiento matemático y computacional para la elaboración de pósteres y Power Point.

Asimismo, a través de la experiencia vivida, los participantes manifestaron niveles de satisfacción y evaluaron positivamente la actividad realizada a partir de reconocer que a través de estas se logra un mejor vínculo entre las escuelas y las áreas naturales protegidas de la localidad donde viven y desarrollan su vida. Reconocieron también los elementos que integran a esta última, su importancia para promover la educación ambiental, las amenazas a la que está sometida la biodiversidad del área, en relación a: riesgos naturales por el efecto de los cambios globales y desastres naturales, impacto en los ecosistemas vulnerables, la sobreexplotación, el manejo de las especies con fines productivos y económicos, efectos de la acción antrópica, entre otros aspectos.

Se constatan avances significativos en relación con la disposición y concientización de los estudiantes para enfrentar los problemas ambientales que afectan a la biodiversidad del área natural protegida y una mayor preparación al establecer relaciones interdisciplinarias y lograr el carácter integrador requerido entre los contenidos de las ciencias naturales y la historia, asimismo. Todos estos resultados en el orden cognitivo fueron evaluados a través de pruebas parciales escritas y en las exposiciones orales realizadas por los participantes en círculos de interés, matutinos, que demostraron avances significativos en el aprendizaje y en las habilidades de comunicación, indagación y reflexión.

Conclusiones e implicaciones para la práctica educativa

El estudio realizado de la Reserva Ecológica El Macío revela que este escenario natural es la franja de costa más rica en especies de plantas y animales en el municipio Pilón, en la provincia Granma y que atesora una elevada representatividad de comunidades vegetales como: bosques de manglares, diferentes tipos de costas (rocosa y arenosa), matorral xeromorfo costero y subcostero y complejos de vegetación de costa, así como riqueza florística y faunística y valores históricos —culturales, patrimoniales y económicos sociales—.

El reconocimiento de estos valores y el estado de conservación del área definen su categoría, que hace que se convierta en un espacio con amplias potencialidades instructivas y educativas para ser incorporadas al proceso docente-educativo que desarrollan los docentes de las escuelas ubicadas en las áreas limítrofes o enclavadas dentro del área. Es por ello que, el resultado de este estudio se convierte, entonces, en una herramienta didáctica y metodológica que permite ofrecer una visión integral de las potencialidades que atesora la reserva ecológica para ser empleada con fines docentes, con el objetivo de formar la cultura ambiental en los estudiantes que viven y se desarrollan en estos espacios naturales.

La secuencia didáctica elaborada permitió en los estudiantes, la aprehensión de nuevas experiencias de aprendizaje contextualizado respecto a la biodiversidad del territorio; el desarrollo de habilidades y hábitos adecuados para trabajar de manera individual y colectiva en el entorno ambiental; posturas críticas y reflexivas en torno al cuidado y preservación de la biodiversidad local y los valores a ella asociados; la formación de valores, actitudes y la trasformación de comportamientos y prácticas sensibles en la interacción humano-naturaleza y sus impactos al medio ambiente.

Además de lo dicho hasta ahora, hay que añadir que, la experiencia vivida en las áreas de la Reserva Ecológica El Macío podría servir como punto de partida o inspiración para futuros diseños de actividades de educación ambiental en otros contextos, centradas en la relación área protegida-institución escolar. Para ello, se recomienda planificar otras secuencias didácticas para la enseñanza de la biodiversidad, cursos de capacitación al personal docente en las instituciones educativas, en temas vinculados al papel de las áreas naturales protegidas con énfasis en las del territorio, e involucrar a la familia y la comunidad para lograr mayor concientización respecto al cuidado y conservación de la biodiversidad que habita de su realidad ambiental próxima, así como de los valores a ella asociado.

Agradecimientos

El presente trabajo fue parte del aporte práctico derivado de la tesis de grado defendida por Omar García Vázquez. En este sentido, el autor agradece el apoyo de la Unidad Básica Empresarial para la Protección de la Flora y la Fauna y al representante del Ministerio de Ciencia, Tecnología y Medio Ambiente (Citma) en el municipio Pilón, por la ayuda ofrecida en la recolección y análisis de los datos, así como a los docentes, estudiantes y comunitarios que participaron en las actividades. También se agradece al Fondo Editorial de la Universidad Pedagógica Nacional (Colombia) y a los árbitros anónimos, cuyas sugerencias contribuyeron a mejorar la versión final de este trabajo.

Referencias

Aguilera, D. (2018). La salida de campo como recurso didáctico para enseñar ciencias. Una revisión sistemática. *Revista Eureka sobre Enseñanza y Divulgación de las Ciencias 15*(3), 1-17. https://doi.org/10.25267/Rev_Eureka_ensen_divulg_cienc.2018.v15.i3.3103

Ángel, M., Costa, J. y González, R. (2019). Objetos de conservación de la flora y la vegetación del refugio de fauna El Macío, Granma, Cuba. *Ciencia en su PC*, *1*(2), 27-43. https://www.redalyc.org/journal/1813/181359681003/html/

Bermúdez, G., & Longhi de, A. (2015). *Retos para la enseñanza de la biodiversidad hoy. Aportes para la formación docente* (1ª ed.). Universidad Nacional de Córdoba.

Castell, M. A., Costa, J. y González-Oliva, R. (2011). *Diversidad florística del Refugio de Fauna El Macío, Pilón, Granma* (Documentos del Centro Oriental de Ecosistemas y Biodiversidad (Bioeco). [Inédito].

Castro Moreno, J. y Valbuena, É. (2018). Algunas relaciones entre la autonomía de la biología y la emergencia de su didáctica: consideraciones sobre la complejidad de enseñar una ciencia compleja. *Ciência & Educação (Bauru), 24*(2), 267-282. https://doi.org/10.1590/1516-731320180020002

Castro Moreno, J., Valbuena, E., Escobar, G., Roa, R. y López, L. (2021). Multidimensionalidad de la biodiversidad. Aportes a la formación inicial de profesores de biología en Colombia. *Tecné, Episteme y Didaxis: TED*, (50), 131 - 148. https://doi.org/10.17227/ted.num50-11978

Calixto Molinari, G. (2022). Enseñanza de la ecología, conservación de la biodiversidad y salidas de campo en el ámbito de la formación inicial del profesorado en ciencias biológicas. *Revista de Educación en Biología*, *25*(1), 9-19. https://revistas.unc.edu.ar/index.php/revistaadbia/article/view/29818

Centro Nacional de Áreas Protegidas. Archivo del CNAP. Plan de Manejo Reserva Ecológica El Macío (2015-2019). Empresa Nacional para la Protección de la Flora y la Fauna, MINAGRI, Granma.

De la Cruz, L. y Pérez, N. (2020). El saber escolar en biodiversidad en clave para resignificar su enseñanza. *Praxis & Saber, 11*(27), e11167. https://doi.org/10.19053/22160159.v12.n28.2021.11167

Enebral, Y., Enebral, R. y Acosta, I. (2017). Rol del maestro primario en la conservación de las áreas protegidas. ¡¿Talleres de superación?! *Revista Atlante: Cuadernos de Educación y Desarrollo.* https://www.eumed.net/rev/atlante/2017/10/maestro-areas-protegidas.html

Foresto, E. y Belén, R. (2020). Acercamientos a la conceptualización de la botánica: un estudio con ingresantes de ingeniería agronómica. *Bio-grafía, 13*(25), 113-125. https://doi.org/10.17227/bio-grafia.vol.13.num25-12322

García-Gómez, J. y Martínez, F. (2010). Cómo y qué enseñar de la biodiversidad en la alfabetización científica. *Enseñanza de las ciencias, 28*(2), 175-184. https://raco.cat/index.php/Ensenanza/article/view/199611

García-González, A., Riberón, F., González, I., Escalona, R. Y., Hernández, Y. y Palacio, E. (2016). Características poblacionales y ecología del endemismo cubano Melocactus nagyi (Cactaceae), en el Refugio de Fauna El Macío, Cuba. *Revista Cubana de Ciencias Biológicas, 5*(1), 33-42.

García-Barros S., Fuentes Silveira M. J., Rivadulla-López J. C. y Vázquez-Ben L. (2021). La adaptación de los animales al medio. Qué aspectos consideran los estudiantes de Primaria y Secundaria. *Revista Eureka sobre Enseñanza y Divulgación de las Ciencias 18*(3), 3106. https://doi.org/10.25267/Rev_Eureka_ensen_divulg_cienc.2021.v18.i3.3106

García-Vázquez, O. y Méndez. (2017). Hacia una resignificación de la enseñanza del contenido del concepto de biodiversidad en biología *Roca. Revista científico-educacional de la provincia Granma, 13*(1), 158-170.

García-Vázquez, O., Sánchez, M. y García, R. (2020). Aporte de un procedimiento didáctico para mejorar el conocimiento de la biodiversidad en Secundaria Básica. *Bio-grafía. Escritos sobre la Biología y su enseñanza, 13*(25), 49-59. https://doi.org/10.17227/bio-grafia.vol.13.num25-11575

Garbey Miranda, D., Rosabal Quintana, A. y Nieto Cadena, Y. (2018). Estrategia de conservación para el bosque semicaducifolio sobre suelo calizo de la localidad "Punta de Piedra" (Original). *Redel. Revista Granmense de Desarrollo Local, 2*(4), 37-50.

González, A., Castañeira, M., Gerharts, J. L., Hernández, E., Martínez, A. y Martínez, R., Juarrero, C., Hernández, A., Estrada, R., Fernández, R. y Aguilar, S. (s.f.). *Universidad para todos. Curso de áreas protegidas de Cuba y conservación del patrimonio natural.* Editorial Academia

Herrera, M. (2020). Saberes acerca de la biodiversidad en un escenario de educación no convencional. *Bio-grafía, 11*(22), 121-132. https://doi.org/10.17227/bio-grafia.vol.11.num22-11593

Iño, W. (2018). Investigación educativa desde un enfoque cualitativo: la historia oral como método. *Voces de la educación, 3*(6), 93-110. https://www.revista.vocesdelaeducacion.com.mx/index.php/voces/article/view/123

Martínez Bernat, F. X., García Ferrandis, I. y García Gómez, J. (2019). Competencias para mejorar la argumentación y la toma de decisiones sobre conservación de la biodiversidad. *Enseñanza de las Ciencias, 37*(1), 55-70. https://doi.org/10.5565/rev/ensciencias.2323

Méndez, I., Guerra, M., Hernández, A., Soto, E. y García, O. (2015). *Experiencia cubana en educación ambiental hacia las áreas protegidas desde la institución escolar. Curso internacional 29 Pedagogía 2015.* Sello Editorial Educación Cubana.

Ministerio de Ciencia, Tecnología y Medio Ambiente. (2017). *Enfrentamiento al cambio climático en la República de Cuba. Tarea vida.* Citmatel.

Naciones Unidas (1992). *Convenio sobre la diversidad biológica.* Naciones Unidas.

Pérez Mesa, R. (2019). Concepciones de biodiversidad y prácticas de cuidado de la vida desde una perspectiva cultural. Reflexiones a propósito de la formación de profesores de biología. *Tecné, Episteme y Didaxis: TED,* (45), 17-34. https://doi.org/10.17227/ted.num45-9830

Roldán Villanueva, O. A. (2021). Impacto de las actividades antrópicas en las áreas naturales protegidas. *Innova Biology Sciences, 1*(2), 18-32. https://innovabiologysciences.org/index.php/IBS/article/view/15

Rodríguez Cortés, A. y Mora González, L. (2021). Aportes de la recreación a la interpretación ambiental en las áreas naturales protegidas. *Territorios,* (44-Especial), 1-15. https://doi.org/10.12804/revistas.urosario.edu.co/territorios/a.8958

Ruiz-Plasencia, I., Hernández-Albernas, J. y Ruiz-Rojas, E. (2019). Catálogo de las áreas protegidas de Cuba. En: I. Ruiz (ed.). *Las áreas protegidas de Cuba.* Centro Nacional de Áreas Protegidas.

Sánchez Pérez, Y., Guerra Salcedo, M. y Montalvo Díaz, M. (2017). Orientación familiar para educar en la conservación de la biodiversidad en áreas protegidas camagüeyanas *Monteverdia, 10*(2), 16-29.

https://revistas.reduc.edu.cu/index.php/monteverdia/article/view/1906

Van Weelie, D. y Wals, A. E. J. (2002). Making biodiversity meaningful through environmental education. *International Journal of Science Education, 24*(11), 1143-1156. https://doi.org/10.1080/09500690210134839

Van Weelie, D. y Boersma, K. (2018). Recontextualising biodiversityin school practice. *Journal of Biological Education*, *52*(3), 262-270.

ÍNDICE DE SIGLAS

APRM: Área Protegida de Recursos Manejados

BD: Biodiversidad

CBD: Convention on Biological Diversity

CDB: Convención de Diversidad Biológica

CCD: Convention to Combat Desertification

CITMA: Ministerio de Ciencia, Tecnología y Medio Ambiente

CNAP: Centro Nacional de Áreas Protegidas

END: Elemento Natural Destacado

EA: Educación Ambiental

EApDS: Educación Ambiental para el Desarrollo Sostenible

ENEA: Estrategia Nacional de Educación Ambiental

EDB: Excursión docente Biológica

ONU: Organización de Naciones Unidas

UNESCO: Organización de las Naciones Unidas para la Educación, la Ciencia y la Cultura

UICN: Unión Mundial para la Naturaleza

PN: Parque Nacional

PNP: Paisaje Natural Protegido

PNUMA: Programa de Naciones Unidas para el Medio Ambiente.

PNEA: Programa Nacional de Educación Ambiental

RED: Regiones Especiales de Desarrollo Sostenible

RE: Reserva Ecológica

RN: Reserva Natural

RFM): Reserva Florística Manejada

RF: Refugio de Fauna

SNAP: Sistema Nacional de Áreas Protegidas

SNE: Sistema Nacional de Educación

UBEPFF: Unidad Básica Empresarial para la Protección de la Flora y la Fauna

UDG: Universidad de Granma

Figura 1. Modelo didáctico de tratamiento metodológico de los contenidos de biodiversidad faunística en secundaria básica

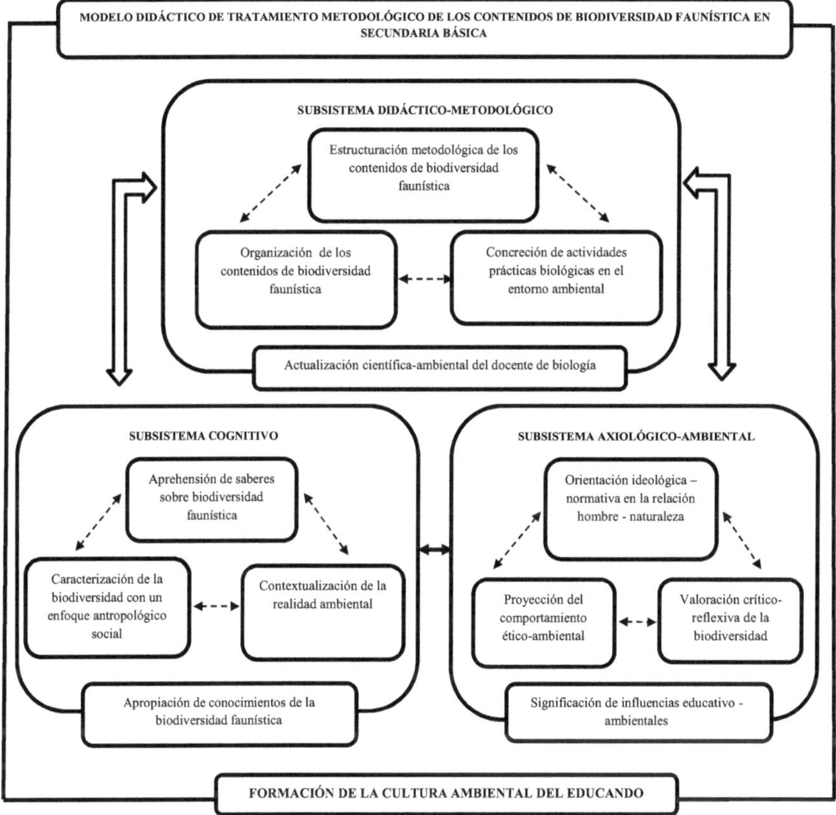

Fuente: elaboración propia.

Figura I.1. Evidencias de la participación de estudiantes utilizando las potencialidades naturales de las áreas naturales del municipio Pilón, como contenido medioambiental.

A las aves, alas; a los peces, aletas; a los hombres que viven en la Naturaleza, el conocimiento de la Naturaleza: esas son sus alas.

José Martí.

Datos del autor:

Omar García Vázquez

E-mail: ogarciav@udg.co.cu

https://orcid.org/0000-0002-3656-3628

Nacido el 14 de septiembre de 1976 en el municipio Pilón, provincia Granma, Cuba. Licenciado en Educación en la especialidad. Biología (2001); Máster en Ciencias de la Educación (2005), PhD. en Ciencias Pedagógicas (2014); Docente e Investigador-Titular (2016) por la Universidad de Camagüey. Es autor de varios artículos científicos publicados en revistas nacionales e internacionales de reconocido prestigio en países como: Cuba, Angola, Venezuela, Colombia, México, Ecuador, República de Maldova, entre otros. Imparte las asignaturas Anatomía y Fisiología Humana I y II, Fisiología Animal, Ecología General, Zoología I y II, Metodología de la Investigación, Biología Celular y Molecular, Gestión ambiental, entre otras. Editor Asociado de la *Revista Científico – educacional Roca* de la Universidad de Granma (UDG) y árbitro de artículos científicos. Actualmente se desempeña como Director del Centro Universitario Municipal Pilón, en la provincia Granma; es miembro de la Asociación de Pedagogos de Cuba e Investigador Adjunto para Cuba del Centro latinoamericano de Estudios en Epistemología Pedagógica (CESPE). Ha participado en Congresos Internacionales y en redes internacionales de educación e investigación. Trabaja las líneas de investigación de Educación Ambiental para el Desarrollo Sostenible, Didáctica de la Biología y Gestión del conocimiento para el Desarrollo Local. Es Premio del Rector de la Universidad de Camagüey en el año 2017. Trabajó durante cuatro años consecutivos en la Universidad "Cuito Cuanavale", en la República de Angola, en esta institución asesoró tres investigaciones que formaron parte del Proyecto Internacional para la Conservación de la Biodiversidad de la Basía de Okabango Zambeze.

Printed by Books on Demand GmbH, Norderstedt / Germany